花の四季

Masami Kamae
釜江正巳

花伝社

春の花

かたくり

ねこやなぎ

すみれ

つばき

夏の花

あじさい

っせん

ゆり

くちなし

秋の花

むらさきしきぶ

はぎ

ひがんばな

うめもどき

やつで

あおき

すいせん

冬の花

ろうばい

花の四季◆目次

II 夏の花 89

III 秋の花 153

IV 冬の花 221

第三部　花ごよみ・花ことば

第一部

花と日本人

Ⅰ 日本人の花に対する自然観

1 日本人は花好きな民族

花は季節の屈折を鮮明に示す。わが国は、南から北に細長く、周囲は海で、季節の変化が明瞭であり、夏期は雨が多いことから、植物は豊富で、かつ四季折々の花が咲く。花は季節の移りに敏感であり、律動的であって、人びとに季節の訪れを告げてくれる。かつて、暦のない時代では、野山に咲く花の表情で農事の目安を求めるということが行われていた。お寺の境内のサクラを「たねまきサクラ」と呼んで、イネのたねまきの目安としたりする「農事暦」はその一例であって「自然暦」ともいった。また、散る花に、もののあわれを感じとったり、花のうつろいに、生生流転の悲しみと無常観を感じるという独特の美学を形成するなど、花は日本民族の精神生活の上でも大きく影響をあたえてきた。

人間である限り、洋の東西を問わず、花を愛する心に変りはない。また、花の好みは、民族や時代や個々人で違うことも事実である。しかし、総じて日本人は花好きな民族だといえるだろう。そして豊かな花の文化をもっている。季節ごとの花、花見の花や喜び、悲しみ、送別の花、あるいは、花嫁、花婿、花妻や花帰り、また花道、花形あり、お金も花と呼ばれるなど、さらには、美しいものの代名詞には、能楽での最高の魅力が花であり、花の宴、花も実もある、花のかんばせ、花をもたす、花々しい、高嶺の花などまことに〝花ざかり〟である。美しい花の姿に心のやすらぎを感じ、明日咲く花に夢を託していくことはこの上なく仕合せな生活であるといえる。

それだけではない、花柄を衣服に染めて、花を着るという民族も数少ないことだろう。着物の肩にはヤナギ、裾にはアヤメを染めぬいて、歩くと風にゆれるという風情は、まことに日本人好みである。先年ある百貨店では、各県の県花を浴衣やネクタイに染め〝ふるさとの花〟で故郷の再発見を試みようとしていたことが思い出される。さらには、花を愛する極致は、花を食べることだというが、キクやフキの花をたべ、また、サクラの花弁の塩漬けは、まさに〝お湯の中にも花が咲く〟のである。日本人の美意識を、「雪月花」や「花鳥風月」の言葉で表現するが、たとえば、道元禅師の「春は花夏ほととぎす秋は月　冬雪さえて冷《すず》しかりけり」や良寛の辞世の歌といわれる「形見とて何か残さん春は花　山ほととぎす秋は紅葉」の歌などをみても、日本人の花に対する自然観がしみじみと読みとれるのである。

2　花は文化のないところには育たない

自然界では、花は人間と関係なく、昆虫との対応で進化し美しくなったものであって、虫を誘うことで種族を維持しようとする生物の本能からである。花の進化について、化石を調べた結果から、一億三〇〇〇万年ぐらい前には被子植物がパッと現われ、三〇〇〇万年ぐらい前では現在の「属」にあたる植物が、一〇〇〇万年ぐらい前になると今の「種」によく似たものが、一〇〇万年ぐらい前では現在とほとんど同じ「種」が出現している。また、歴史に書かれている二〇〇〇年ぐらい前のものでは今日と全く同じ植物であって、このことからみれば一〇〇年や二〇〇年くらいでは変らないということがわかる。人間は現状に飽き足らず、より美しい花を求めて無限に欲望を広げていくが、その多くの園芸品種というものは、これらを素材にして、人工で作っただけのものであって、人間の才覚などは大自然の円熟味から比較してみるとケシ粒ほどにもならないのである。

いっぽう、花を意識するには高度の文化性がいる。花は文化のないところには育たないといわれる。花を育て改良した文化センターは地球上にそう多くはないといわれている。一つには、古代ギリシア・ローマを源とする西欧文化圏、もう一つは、中国と、それに続く日本を含む東アジア文化圏であると言われ、近年は米国文化圏が加えられてきた。花は文化のバロメーターである。

ヒマラヤ地方では、ケシもサクラソウも家畜が食べぬ雑草にしか過ぎない。わが国の江戸時代は世界一の園芸国であったともいわれているが、農耕民族特有の繊細な技術と忍耐によって、キク、アサガオ、サクラソウ、ハナショウブといった草花類をはじめ、花木類では、サクラ、ツバキ、サザンカ、サツキ、カエデ類など野生のものから中国渡来種をも含めて、それらを日本固有の名花にまで改良してきた背景には、鎖国という平和と、町民文化の爛熟《らんじゅく》ということも見逃すわけにはいかないと思う。花は平和な時代にこそ改良されるものであり、花は人間生活にとって文化的存在であると同時に、平和の象徴でもあるのだ。

3 なぜ日本にだけ「いけ花」が発達したのか

花が西洋にもあるのになぜ日本にだけ、「いけ花」が発達したのであろうか。さらに、中国や日本には花鳥画があり、また、東洋の絵画には、自然に生育している〝生きた植物〟が描かれているのに、西洋では、広口の花びんに盛った切り花が主として描かれているのはなぜだろうか。花に対する文化表現は民族によって異なるものであり、西洋では花言葉に想いを託したが、日本人は花の姿に深く注目する。西洋や中国では乾燥と肉食のためか花の香りに執着するが、日本人は花の姿とは、静止している姿ではなく、咲いて散っていく姿に関心をもつのである。また、根をはった生きた植物を描くというこれらの背景は何か。その一つは、日本の自然環境に原因するもので、夏の高温多雨で多種類の植物が繁茂し、数々の花が微妙に移り変るなかで生活してきた日本人の特有の感覚によるものであって、加えて、仏教の無常観が、移ろいゆく花の姿の中に自然の理法を求めようとした。散ることは、つぎの新しいものへと展開していくことであり、いけ花は、花の瞬間の姿をいけているが、その中から永遠の生命を感得しようとしたのである。

花をいける行為は、日本のほか、中国、インド、エジプトにもあるが、日本では、花は季節ごとに正確に咲く、まさに、嘘や偽りがなく正直である。〝直き心〟〝すぐなる心〟だという思想である。江戸時代は、この〝直き心〟が忠誠心となったりした。いけ花には神・仏・儒の三要素が加わった思想性があるのだといわれる。いけ花の思想には、池坊専応口伝の言葉がしばしば引用される。

「瓶に花を挿すこと、古よりありとは聞き侍れども、それは美しき花のみ賞して、草木の風興をもわきまへず、ただざし生けたるばかりなり。この一流は、野山水辺おのづからなる姿を居上にあらはし、花葉をかざりよろし面影をもととし、先祖さし初めしより一道世に広まりて都鄙のもてあそびとなれるなり」とある。美しき花のみを賞することを断乎としてしりぞけ、野山水辺にある自然のままの姿を演出するという思想は今日の華道書にも引きつがれているのである。結局、いけ花とは、いける技術を習うのではなく、いけ花の心を知ることであり、花との対話を通して自分の生き方をさがすことであって、自然の秩序や法則に、人間の心が加わって成立するものと考えた。すなわち、華道とは、道であり、心を学ぶ生きる道であった。

植物は単に人の目に美しく映ずるだけでなく、時には人の心をうるおし、人間の行いを善導する神秘的な力すらもっているのである。さてそこで、もともと日本人の〝花をいける〟という行為の背後にあるもの、花に対して抱いてきた感情などを探ってみたい。昔から正月にはマツ、ひな祭りはモモ、十五夜はススキというように一年の節目、改まった日には必ず花を欠かさなかった。しかも聖なる花はどういうわけか、木に咲く花だった。花の一枝を家に持ち込むのは特別の日、つまり神仏と交わる日に限られていた。花を仲立ちにして、神仏と交流したいという思いがあった。民俗学ではそれを依代《よりしろ》と呼んだ。神の宿り木である。花は最も視覚的な依代で、「花が咲いた――神が宿った」。「花が散った――神が去った」と受けとるのである。

〝花をいける〟行為には、芸術以前の意味があったのである。昔、花をいけることを「花を立てる」といった。〝立てる〟とは依代を立てることからきている。「立て花」、「立華」の名には意味深長なものがあった。結局「いけ花」というのは、このような民俗儀礼を源流にして、一つの造形的方向に向かって成立したものではないかと考えられる。

4　サクラは日本人の心の花

季節の折り目を、その時に芽吹く植物でもって月の異名にしている。二月は梅見月、三月は桜月や花見月、四月は卯月、五月は皐月、六月は松風月、七月は女郎花《おみなえし》月、八月は萩月、九月は菊月や紅葉月、一二月は梅初月である。日本人の生活リズムは花によるのであった。

　とりわけ、サクラは日本人の心の花である。民族の花、国花として、日本人の国民性を象徴する。春はサクラ、サクラは花見、そして花見は団体で、花見酒がつきものである。俳人芭蕉は「京は九万九千群衆の花見かな」と詠んだが、現在でも花見は民族の大移動期である。かつて、国学者本居宣長が彼六一歳のとき、門人に請われるままに詠んだという「敷島の大和心を人問わば　朝日に匂う山桜花」の歌は今なお千古の絶唱である。さらに、サクラは満開の花を賞でるだけではない。花吹雪となって舞う落花の美に限りない感動をいだく。「久方の光のどけき春の日に　しづ心なく花の散るらん」という、散華《さんげ》の美学や、あるいはまた、散る花に、もののあわれや有為のはかなさを感得し、平家一門の栄華も、春の夜の夢のごとくはかないものであると感じた。また、サクラは、あわただしく咲いて、急いで散る。その淡白、思い切りのよさ、散りぎわのいさぎよさは武士道の鏡であり、「花は桜木人は武士」のたとえは、命をかけた武士にはふさわしい言葉であった。

　日本の風土は、四季の移りがあわただしい。その変化に対応して生きてきた日本人は、調子の早い移り気が要求された。活発、敏感であるが持久性に欠けた。いっぽう、毎年台風が襲う日本の季節は、春夏・台風・秋冬の五季節だというのがより正確かもしれない。突発的な猛烈さが、感情のたかぶりをたっとぶ国民性を生んだのであろう。執ようさをきらい、淡白を好む日本人は、あわただしく咲いて、急いで散っていくサクラを、大和心の象徴と受けとめたのであろうか。

また、散る花の無情は、日本人の自然観に、深い思想的根拠をあたえた。桜の詩人といわれる西行が、「願わくば花の下にて春死なん　そのきさらぎの望月の頃」と詠んだ歌や、平忠度《たいらのただのり》の一首、「さざ波や志賀の都は荒れにしを　昔ながらの山桜かな」の歌などにも、人間のはかなさを知る無常観や自然に親しむやさしい日本人の心情が感じられるのである。

春が訪れると、南からサクラ前線が一気に北上して日本列島は美しいサクラで飾られる。『古事記』や『日本書紀』に木花開耶姫《このはなさくやひめ》の物語がある。その木花とはサクラのことだといわれ、開耶がそのままサクラの語源だとする説がある。遠い昔の明るく美しい物語である。

5　サクラは稲作と深い関係をもつ

いっぽう、サクラ（ヤマザクラ）は予兆の花として、春の訪れと農耕の開始期を告げる花でもあった。稲作を生活の柱とする日本人には、農耕の開始期に咲くサクラの表情から、その年の稲作を占った。サクラの「サ」は、田の神であり、「クラ」は、田の神の座であって、サクラが咲くと、田の神が訪れたとみたのである。田植のさ苗、さ乙女、さなぶりなどの「サ」はいずれも「田の神」を指したものである。また、咲いたサクラが旬日をまたずに早々と散るとき、イネの花が散らぬようにと〝やすらえ花よ〟と願う鎮花祭《ちんかさい》はその名残であろう。このように、サクラは稲作の生産にとって深いかかわりをもって眺められてきたのである。

日本人にとっては、サクラが花本来の花であり、稲作民族である日本人には、花はイネの穂の先触れと考えた。「ハナ」とは、「先端、端、鼻」のことで、花のハナとは、実りの先触れの意味であるともいわれる。すなわち、花は神意の発現であり、サクラが咲くことは、田の神の来訪であった。

サクラが咲くと村人たちはこぞって山に登った。山遊びと称する習慣が各地にある。関西地方では、旧暦の四月八日を卯月八日と呼び山に登る。村人たちは山桜の下で酒盛りをして豊作を予祝し、帰りに、サクラなどの枝をもち帰った。これを〝神迎え〟と考えたのである。女子には、花枝を頭にかざして家に神を迎えた。挿頭《かざし》の花は後世、「かんざし」という言葉に転訛していった。さらに、もち帰った花を、竿の先端につけ、家の屋根より高いところに立てかけたのを「天道花、天頭花、高花、夏花」などと呼び、田の神を招き寄せる標識にした。仏教の渡来以降は、お釈迦さんの誕生日の「花祭り」と重なり、本来の意味が失われてきたようである。

また、サクラの花見は、奈良朝の頃から中国の梅見から学んだものだといわれる。しかし、古代からイネの生産の予兆の花として眺めていた基層文化に、梅見の社会的訓練が加わって完成されたものである。

6　文明は花の季節を狂わせた

日本民族が花に寄せた思想や心情は時代とともに変化した。とりわけ、文明は花の季節を狂わせてしまった。ビニールハウスや園芸技術の進歩は、日本人の季節感を喪失させてしまったのである。

現在、われわれの身のまわりには世界中の花が栽培されている。日本原産のものに加え、古い時代に中国から、また比較的新しい時代に欧米から入ったものなど入り混じって栽培されている。花には国境はなく、また栄枯盛衰の歴史がある。戦後に脚光を浴びたセントポーリアなどのニューフェースもその一つであり、また住宅や生活環境の変化に対応して、鉢花や観葉植物、洋ランの需要も増えてきた。花色の好みにしても、原色より明るい感じの中間色を好む傾向になってきたし、花も大輪より小輪、草丈も矮性種《わいせいしゅ》といった好みの傾向は、都会人の優しさ志向をうかがわせるように思えるのである。

II 花と民俗行事

1 正月

正月は年神を迎え、一年の農耕生活を祈念する最大の行事である。年神は稲の生産を守ってくれる祖霊であって、常磐木の門松に神霊を依りつかせてお迎えする。日本人はとりわけ、植物の神秘性や生命力、霊感に深い関心を寄せており、常磐木ならマツでなくても、サカキ（榊）、シキミ（樒）、ヒノキ（桧）などでもよかった。今日はたいていマツで、マツは百木の長であり、長寿、待つ木で祭りの神樹にふさわしい。正月様迎え、松迎えといって山へ伐りに行く。近頃、斜に切ったタケを門松に添えて飾ることもある。タケは萌芽力、生長力は旺盛で、無限の繁殖力を約束する。その上、タケの中空に神霊が宿っていると考えた。

いっぽう、戸口などには、ダイダイ、ウラジロをつけたしめ飾り、床の間には、三方に鏡餅、ダイダイ、ウラジロ、ユズリハ、串柿、のし昆布、勝ち栗などを載せた正月飾りもする。

正月三が日が終わっても、一月一五日までは松の内。いくつかの行事が続く。一月七日は俗に「七草正月」と呼び七草粥を食べる。また一月一五日を「小正月」、「花正月」と呼び、小正月から月末までを「花の内」と呼ぶ地方は多い。年の初めに行われる稲作の予祝儀礼に「餅花」、「削り花」を作って、今年の稲作が豊作でありますようにと祈った。

餅花は、ヤナギやミズキの枝に餅や団子をつけて稲穂に見立てる。養蚕農家は繭玉《まゆだま》と呼んでいる。いっぽう削り花は、ヤナギ、ミズキ、ヌルデなど木肌が白く軟らかい幹を、薄く細長く削って花のように縮ませ、稲穂が垂れ下がっているように作ったもので、これを竹を二つに割ったものにさし込み神棚や仏壇に供える。先祖の人たちは、花のない長く暗い冬の季節に、こんな花の真似ごとをして神の降臨を祈ったのである。

もう一つ火の祭りがある。トンド、ドンド、左義長《さぎちょう》と呼ばれる伝統的行事が今も盛んに行われている。しめ飾りや餅花などの正月飾りを、小正月の一五日か、また前日の一四日に焚く行事だ。その火にあたると、病気や災難から逃れることができるという。雄大なわら小屋を作り、各家から集めた正月用品といっしょに点火する。火を焚くのは神を招く方式で、この火を目印に神は降臨すると考えた。トンドはシーズン・オフのナイターで、煌々《こうこう》たるトンドの火は、冬の夜空を焦がし、村人の団結は赤く燃えた。降りかかる火の粉を浴びながら、餅を焼いて災難を払おうとする人びとで村は大はしゃぎする。

村々に燃えるトンドの火は、先祖が求めた平和のシンボルであった。が、今日世界は原水爆という第二の火を発見した。この火は、人類を壊滅せしめる危険をはらんでいる。火を求め、火を畏敬する人類の本性はいささかも変らぬものだとはいえ、それは、あまりにも悲劇的な進歩ではないか。

2 彼岸

春分と秋分の日を中心として、その前後三日を合わせて、春の彼岸・秋の彼岸と呼び、初日を「入り」、最終日を「あげ」という。彼岸の中日は昼と夜の長さが等しく、太陽がちょうど真西に沈むことと、仏教の西方《さいほう》浄土説と結びついたもので欲望や悩みの此岸を離れ、理想、悟りの彼岸に到達することを意味している。

彼岸には、寺や墓参りをして、亡き人の霊に花や団子などをお供えして先祖に感謝を捧げる。仏前に花を立てることは、そこに生ける仏を建立することであって、祖霊の依代であり、生き仏そのものである。古くは、サカキ、シキミ、マキなどの常磐木が中心だったが、現在は色花を添える。色花を目印にして祖霊が還ってくると信じたのである。

常時色花が得られなかった時代にあっては、花作りはきわめて大切な仕事の一つであった。屋敷回りや、田畑の一角には必ず花畑が作ってあって、春の彼岸参りのキンセンカなどを作った。

手向くるや　むしりたがりし　赤い花　　一茶

可愛い孫であっても、仏にあげますこの赤い花はあげられないのであった。

彼岸団子は、春はボタンにたとえて〝ぼた餅〟を、秋はハギの花にたとえて〝お萩〟を作ったが、現在は春、秋の場合でも〝お萩〟と呼んでいる。

「暑さ寒さも彼岸まで」の諺どおり、春の彼岸頃は長かった冬も終わり、名実ともに暖かい春がやってくる。眠っていた木々や花がいっせいに芽を吹き出し、なんとなくうきうきした気分になる。彼岸団子を作って、近隣へくばったり、山登りや野遊びを行う季節でもある。

3　水口祭

苗代に種をまくとき、水の取り入れ口のそばに土を盛って、木や花を立てて田の神をお招きする稲作儀礼の一つ。苗代祭、苗じるし、田の神の腰掛、たね祭りなどとも呼び、農家各自で行うものと、神社で行うものとがある。

祭りに使う花木は、サカキ、シキミ、ヤナギなどの常緑の生木の枝、ウツギ、ツツジ、ヤマブキ、マンサク、クリの花などの花木やユリなどを立てる。ユリを使う例は全国的に多いようだが、花の形態が特異でユリのつぼみには大きな空洞があるので、ここに田の神が宿るものと信じたのであろう。

なお、洗い米や焼米を供えることもあるが、焼米は種籾の残りを炒ったもので、これらを鳥についばませることで、籾や稲が荒らされないように祈った。また地方によっては、神社の五穀豊穣のお守り札を立てたりしている。

田の神は、農耕の始まる前に、山から里に来られ、秋の収穫期までお守り下さるという思想があった。

4 盆花

正月とお盆は祖霊を祭る伝統行事の代表である。お盆は仏教的色彩におおわれているようだが、日本の古い祖霊祭りが色濃く伝承されている。すなわち、花に霊魂が宿り、花を依代にして祖霊を家にお迎えするという信仰である。盆祭りを祖霊祭り、たま祭りなどと呼んだりしている。

また花とのつながりが深く、盆花迎えとか花とり、花摘みの日があって、旧暦七月一一日か一二日頃、まだ露のある早朝に山野に出かけて花を探ってくる。盆花には、ある種類に限定しているところもあれば、秋の草花などの数種を供える地方、また季節の花なら何でもよいとするところもある。

一般的にいって盆花の特徴を類型化すると次のようになる。一つは、キキョウ、ユリ、ホオズキにみられるように、形が袋状で、中が空洞になっているもの。この中に祖霊がこもっていると考えたらしい。いっぽう、小さい花が群がって咲くオミナエシ、ハギ、ミソハギ、クリの花など、細かい花が密生しているところに祖霊がよりつくと考えた。もう一つは、ササとかタケニグサを供える風習がある。両者は実ができると、カサカサと音がするが、その音は祖霊が還ってきてささやいていると感じたらしい。

なかでもミソハギは、水辺に生える赤紫色の小さい花で、長く咲き続ける優しい花で、方言にも精霊花（しょうろうばな）の名もあり、広く使われている。この名前の由来については、ハギを想わせる花をつけ、水辺に生えるので、ミゾハギの名からミソハギになったとする説。また、水をつけて振る、水をかける禊（ミソギ）するミソギハギからミソハギになったとする説もある。

5　月　見

陰暦八月一五日の月を中秋の名月という。ススキを立て、季節の野菜、果物にお萩などを供えて月見をする風習が一般的。夜空にかかる月の姿は神々しく、昔から信仰や観賞の対象になっていた。「雪月花」は日本人の美意識の象徴である。

ススキは一本だけ立てる。これを〝ひともとススキ〟と呼ぶ。複数立てるのは、いけ花がおこってからのこと。一本のススキを依代に神の降臨を願った。ススキの花穂は葉の中央から高く抜きん出る。また茎は中空であることから、ここに神霊が宿るものと信じるのであろう。さらに稲の収穫期頃にはその花穂は、豊かな稲のみのりを連想させるような尾花になる。

和歌山地方では、脱穀の稲わらを円錐形に積み上げたわら積みをススキと呼んでいる。屋根は蓋状のわらを載せるが、その先端が中央で尖るように括る。その上に太いしめ縄状の環を載せ、わらの飛ぶのを押さえている。以前は穂のついた稲束を積んだもので、ススキの呼び名は、ここに穀霊が宿っていることを暗示したもので、その後、脱穀したわら積みにススキの呼び名だけが残ったのであろう。

既述したごとく、ススキは神聖な植物であって粗末な扱いは避けた。月見のススキは、風雅とは関係なく信仰的意味が深かった。江戸時代には、八月一五日の満月を芋名月と呼びサトイモを供える。また九月一三日を十三夜とか後の月、名残りの月と呼び、エダマメ、クリを供えたので豆名月、栗名月と呼んだ。今は両方がいっしょになって中秋の名月（九月中頃）を月見といっている。

6 葬送

一年の終りに年中行事があるように、人の一生にも、誕生から成年、結婚、死亡といった折り目がある。これを通過儀礼と呼ぶが、葬送は人生最終の大礼で、ここにも花が大きな関わりをもっている。葬送習俗は同じことを繰り返しているようだが、時代の変化の中で、その行為の内容や考え方もすっかり変貌してしまい、温存されている行為についてもその意味を理解することすら困難となってしまった。

葬送習俗といっても範囲は広い。ここでは死者をあの世に送るのに花が必要だった若干の事例を述べてみたい。

死者の枕元に「一本花」や線香、枕飯を置く風習がある。一本花の花は、シキミなどの常磐木で色花は使わない。二本は駄目で、一本だけ立てて、死者の霊魂をこれに依《よ》りつかせ、この世からあの世に移行することを願った。花は霊魂を蘇らせると同時に、また霊魂が抜ける往来の役目も果たしているのであった。

今日、仏前、供花の花は、キクの花を中心にいよいよ豪華なものとなっている。以前はシキミなどの常磐木だけであった。キクの花の感想を聞くと、仏花や葬式の花だと答える若者が多く今昔の感にうたれる。

以前は、白紙で作った紙花（四花、四華、死華）や花籠（竹で編んだ籠の先が長く垂れ下がったもの）を長い竹竿に括りつけたものを埋葬の墓の上に立てた。また花輪を捧げたりもするが、これらは依代としての意味をもつのであろう。

私たちの先祖は仏事と縁の深いはずのハスを用いず、既述のような花を供花にしてきたのであって、日本人の宗教性が垣間見られるような気がする。

7 自然暦

自然と共に生活してきた日本人にとっては、目に映る自然の風景が最も強く心に印象づけられ、動植物の動きによって季節の変化を知らされることが多かった。

春の訪れをいち早く教えてくれるのも花であり、路傍に咲く可憐な野の花にも、また季節の移りを告げて咲く山の花にも、自然に対応する周期と循環が繰り返されているのである。

暦のなかった時代の人びとは、そのような自然の周期と循環を仕事の指標にしていた。とりわけ農耕生活は、一つ一つの作業が、自然変化に対応していかねばならないだけに、近くの花の表情や、仰ぎ見る山の残雪の模様などを目安にして進めていった。そのような目安を「自然暦」と呼び、農耕や生活の指針にしていたのである。

村には「万年暦」と愛称されたりする人がいた。「山のセミがジイジイ鳴き出すと、あと何日で麦刈りできる」とか、「コブシの花が咲き始めると、田打ち作業を始める」といった伝承が数多く残っている。また今日でも、ソメイヨシノが咲く頃に春の草花の種まきをする、という言葉をよく耳にする。

一見、非合理的のように思えるが、むしろ自然との関わりから生まれた確実な知恵であったといえる。しかし現在、生活様式の変化や農作業の進歩に伴って、「自然暦」もその歴史的使命を閉じようとしているが、遠い祖先の人たちが残してきた貴重な遺産を、忘却の彼方から呼び戻す中で、昔の人たちの生活を偲びたいと思う。

以上、年中行事に関する花について述べてきたが、日本人はいったい花をどのように考えてきたのだろうか。また、花のない季節にはどのようにして神霊を迎えたのだろうか、ということについてその一端を要約したものである。

III　紅葉と落葉

1　紅　葉

「一葉落ちて天下の秋を知る」の言葉通り、秋は凋落の季節。木々の葉は紅に黄に燃えてやがて落葉していく。

紅葉は秋の訪れを告げる自然の便りであり、燃ゆるがごとき紅葉が林間に点綴する風景は、まさに日本の秋の象徴といえよう。

「林間に紅葉を焚いて酒を温む」の風情は、もう過去のことかもしれないが――。紅葉の美しい国は、北米、カナダおよびアジア東北部の中国と日本である。

嵐山、高雄、栂尾《とがのお》などの洛北三山、小豆島の寒霞渓《かんかけい》、九州の耶馬渓《やばけい》、大阪の箕面《みのお》公園などは紅葉の名所であったが昔と様相も違ってきた。

さて紅葉をモミジとも読む。古くは、草木の汁を揉《も》み出して、布などを染めた。「もみ出す」、「もみ出る」に由来するという。

平安時代の雅び人たちは、ベニバナなどの花で染めた緋色《ひいろ》が、秋空に紅く映えているカエデ（モミジ）の紅葉と相通じていることから、紅葉をモミジと読むようになったといわれている。

紅葉は、黄葉や褐葉も含めていう。「モミジする」という言葉もある。さて、「モミジする」植物の代表種をあげてみると、赤く色づくものには、カエデ類、ヤマウルシ、ハゼなどが美しい。カエデは「蛙手《かえるて》」の意で、葉の形がカエルの手に似ることから出た。錦をさらすがごとき紅葉などと称し、鮮紅色に染め上ったカエデの紅葉こそ最もみごとな景観。

いっぽう、緑の間に点綴するヤマウルシやハゼの紅葉は、まさに〝紅一点〟。また、ニシキギ、サクラ、カキ、ツタ、ドウダンツツジなども赤く美しい。

黄葉では、イチョウ、ポプラなどが代表種。イチョウの黄葉は、一年の締めくくりを示すように明るくて輝かしい。また褐葉は、クリ、シイ類などがその例である。

さて紅葉は、春から夏にかけて生長繁茂してきた緑葉が、秋風とともに、いっせいに、紅、黄、褐色に変化することで、ことに、霜を敷く星月夜には、一夜にして鮮紅の装いに変ってしまう。中国の詩人の杜牧は、「霜葉は二月の花より紅なり」と詠んだ。

紅葉は、広葉樹が水に渇えて落葉していく直前に示す色の変化で、このからくりはなかなか複雑で、今なお未知の分野も多い。

大まかに説明すると、葉の緑色は葉緑素によるが、秋の低温と水不足が原因になって葉緑素が破壊されるが、葉緑体には同時に黄色の色素も含んでいるのでそのため葉が黄色になる。

その上、葉で作られたブドウ糖が、夜の低温で転流できなくなるとアントシアン色素が作られ、細胞液の酸性によって赤く染まるというわけ。糖類が蓄積するのでモミジのテンプラがうまい。葉で起こる微妙な化学変化は、まだまだ神秘のヴェールに包まれている。

2　落　葉

さっぱりと冬がきた
ヤツデの白い光も消え
イチョウの木も
ほうきになった
きりきりともみ込むような冬が
草木にそむかれ
虫類に
にげられる冬がきた　（高村光太郎）

寥々《りょうりょう》たる自然は静寂そのもの。鮮やかなモミジに色どられた秋の錦は、冬の訪れとともに紅葉から落葉へ――。

すっかり葉を落した落葉樹の木々の間を、寒い木枯しが吹き抜けてゆく。それは、自然の年中行事といったものに過ぎないのだが。

しかし、そのカラクリについては案外知られていない。

葉が落ちるのは、いらなくなった葉を、木が積極的に落す、つまり、生きるための〝意味のある〟年中行事といえるのである。

自然は栄枯盛衰のリズムを規則正しく繰り返す。散りゆく落葉も凋落《ちょうらく》を象徴する感傷ではなく、生命にあふれた力強い明日へのステップといえるのである。

さて、晩秋から初冬へと、温度が下がるため根の吸水力が衰える。いっぽう、春から夏にかけて繁茂した茎葉から、秋日和の好条件と相まって盛んに水分が蒸発する。

いわゆる「水ききん」を招いて自滅することになりかねない。

そこで、自ら葉を落して危機を回避しようとするのが落葉である。その仕組みは、葉のつけ根に、「離層」という特殊な細胞層が新しくできてくる。離層細胞は、細胞膜の厚い小さな細胞で、盛んに分裂後、ばらばらに離れる。

秋からの低温、短日、水不足という外界の環境を受けて、葉に離層をつくる誘起物質が形成され、その物質が維管束という管を通って葉の基部に移動して、離層細胞を作り、葉はポロリと落ちる。

アメリカのワタ栽培で、ワタの果実が半数以上落ち、収穫に大きな影響を及ぼすことが問題になった。この原因を究明した結果、アブサイシン酸という落果の誘起物質をみつけた。

この研究がきっかけとなって、人工的な落葉剤が開発された。大豆の収穫前に落葉剤を散布すると葉が落ちる、その後で収穫すると都合がよいというわけ。農業技術の上で大きく貢献したのであったが、この技術が、ベトナム戦争の枯葉作戦に登場するのである。

平和な産業であっても、使い方によっては、生物兵器となることを教えた典型的一例である。

最後に、落葉は排せつ現象でもある。不必要になった老化物質を葉に託して、きれいさっぱりと捨て去っていく。木の大掃除である。

落葉は老化現象ではなく、老化防止の積極的な若返り法である。一般に植物が長生きするのは、思い切って〝捨てる〟落葉現象がモノをいっているのかもしれない。


以上、さまざまの民俗行事のなかの「花」について述べてきたが、いずれにしても、「花」はその時代の文化のバロメーターであったし、同時にまた、平和のバロメーターであり得なければならないと思うのである。いつまでも平和で、楽しい花作りができることを願って止まない。

第二部

花の四季

I　春の花

あせび
かたくり
くまがいそう・あつもりそう
こぶし
さくらそう
さるとりいばら
しょかっさい
すみれ
たんぽぽ
つばき
ねこやなぎ
ふきのとう
ふじ
ぼたん
えんどう

あせび

馬酔木

まだ肌寒い早春の頃から、スズランのような白い花を房状に垂れ下げて咲く風情は印象的である。花期は長く、五月初めまで続く。

新緑も美しく、雅趣に富んだ樹形など、盆栽によく、庭木としてことに茶庭には欠かせぬ一種となっている。

馬酔木を一名、アセビ、アシビなどと呼ぶ。各地に方言も多く、ある調査では一五〇種類もの方言があるという。

アセビは日本原産の常緑樹で、日本各地の山地に自生する。比較的小形で新緑はことのほか美しい。大和地方には多く、春日大社の西部にはアセビの純林がある。

そのためか、万葉人の目にも早くとまったのであろう。『万葉集』には一〇首が詠まれており、「あしびなす栄えし君」といったように大和のシンボルとしての感情が詠まれている。

馬酔木は漢名ではなく、中国の古書には「梫木」の字をあてている。「馬が中毒して酔っぱらう木」という意味で、アセビという呼び名は〝足しびれ〟↓あしび↓アセビと転訛したという解釈が一般的になっている。

アセビの語源には別の説がある。植物系統学者の前川文夫博士は、果実が成熟すると五つに割れて中から種子が出るが、その状態からアセビの名がついたという説である。

果実が割れることを、はぜるという。はぜ実（び）↓ハゼビ↓アセビになった。そして、この植物に馬酔木の字をあてた。誰が、どこで、何のために馬酔木と名付けたのか。前川博士はつぎのように説明される。

アセビは中国では珍しい植物である。かつて、中国黄河流域で栄えた大陸文化をもった人たちが、馬を携えて大和の国に移住してきた。中国では全くアセビに接したことのなかった馬たちは、アセビが有毒であることを知らずに食べて中毒死する馬が続出した。

アセビ　花は可憐であるが、葉に有毒成分を含み、食べると吐き気、下痢、めまいを起す。

こんな苦い経験を通して、この植物が有毒だとする目印になるような名前をつけることが必要であった。そこで、馬が食べると足がしびれる木と表現したのではないかというのである。

馬酔木の名前は、アセビの後で作られた言葉であって、恐らく、大和の国の人が作ったのだろう。中国でも現在は馬酔木を使っている。

奈良公園はアセビの名所。鹿も有毒であることをし、かと心得て食べずに残った。馬も鹿も「馬鹿」ではないのである。

葉にはアセボトキシンという有毒成分を含む。食べると、吐き気、下痢、めまいを起す。毒も薬で、煎汁を薄めて害虫駆除や牛馬の皮膚の寄生虫退治に使った。また、便槽に入れてウジ殺しに利用したことなど懐かしい。

かたくり

片栗

カタクリはユリ科カタクリ属の球根植物。日本固有の寒地に適する植物で、主として中部以北に多く分布。東北では平地や丘陵地に、関西ではもう珍しい存在で、伊吹山や比叡山等の深山に自生、伊吹山のは県指定の天然記念物になっている。

日当りのよい草原や日光の差し込む明るい林床を好むが日当りの悪い場所にもある。春浅い落葉樹林の下、いち面に紅紫色の花が大群落を作って咲く。花期はサクラの咲く頃。日本海側の多雪地帯では雪解け後真っ先に姿を現す。花の寿命は短く、どこかはかないが、雪国の人々に束の間の喜びを与えてくれる早春の妖精のようである。花言葉は「初恋」。

今、日本のどこかで確実に失われつつある植物がある。貴重な植物が消失していく過程にはさまざまの原因が考えられるが、人間の手による自然破壊によって絶滅寸前に追いやられている植物も多い。カタクリはその最たるものといえる。古い時代に採り尽してしまった。人間と自然はそれぞれの生命を守りあい調和を保って生存してきた。人の手は自然の死活を制する鍵を握っているのであり、人間が破壊すると自然は再び還らない。それだけに、天与の贈り物であるカタクリを愛しむ心をもって保護したいと思う。

片栗粉はカタクリの球根から作った良質の澱粉であるが、今日はすべてジャガイモの澱粉であることは天下周知の事実である。花が散ると二か月ほどで球根に澱粉を貯め込んで葉は枯れ、来春まで休眠する。球根の掘り上げは葉の枯れる頃に行う。引き抜くと一本の細くて、白く柔らかい縦長の根のようなものが出てくるが、強くひっぱるとちぎれる。その一番底の部分が球根で、ここに澱粉を貯めている。

いざ掘るとなるとかなりの手間がいる。その上収量も少ないのでよほど多量のカタクリを犠牲にしなければならない。アッという間に裸になってしまうのである。掘り上げた球根は搗《つ》き砕いて水で晒《さら》して片栗粉を作る。一方、葉もさっぱりした山菜料理。昔から救荒植物として利用していた。お浸し、天ぷら、汁の実など柔らかくソフトな味で親しまれている。地上部だけ採っても根が残るからカタクリにとっては仕合せだったろう。

葉は長楕円形をした根出葉で、全体的に柔らかい手触りで、粉緑色に紫の斑紋がある。花の出る株は二枚の葉、花の出ない株では一枚。花は一対の葉の間から伸びた二〇〜三〇センチの細い花茎の先端に一個つける。

数咲いて花かたくりは一つづつ　　播水

花は紅紫色の六弁。三枚が花弁で三枚がガクである。花弁の根元内側に濃いW字型の紋様があるのも特徴の一つ。満開になると極端にそり返り、恥じらうようにうつむいて咲く。なかなか洒落た格好でいかにも印象的で春の女神ギフチョウの蜜源植物である。山草ブームに乗って観賞用に栽培する人も増えているが、気難しい野の草ではある。セイヨウカタクリはやや小形だが、比較的作りやすいとか。「物部の八十乙女らが汲みまがふ　寺井の上の堅香子の花」の一首は、万葉の歌人大伴家持の詠んだ歌である。越中国守、今の富山県に派遣された彼が四年目の春に詠んだもので、乙女たちが泉に群がって水を汲んでいる。その辺りに堅香子の花が咲き乱れている光景である。堅香子はカタカゴで、カタクリの古名というのが一般的になっている。

　いっぽう、この歌には、「堅香子の花を攀じ折る歌」という前詞がついている。前詞というのは、作者の心境や詠まれた場所を覚書的に記したものとされている。この前詞があるために、斜面にあったとか、木の花を折ったのではないのか、といった異論まで呼ぶようになった。

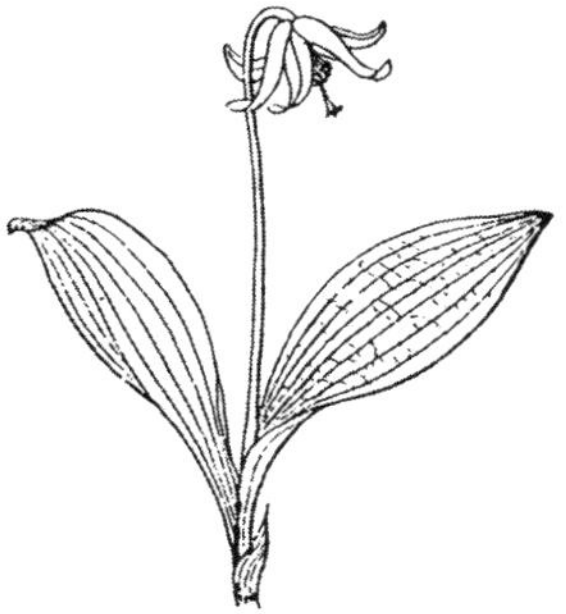

カタクリ　春の草花を代表する可憐な花だが、絶滅寸前にまで追いやられている。昔はこの球根で片栗粉が作れるほどに育っていた。

　さて、この堅香子がカタクリであるのかということについて、前川文夫博士は「カタカゴの正体」というエッセーの中で、カタカゴはコバイモ（小貝母）の一種のコシノコバイモという別の植物だと説得力ある考究をされている。この植物は、日本海側に生える地味な植物だが越中に赴任した家持の目にとまったのであろう。

高さ二〇センチぐらいの花茎の先に籠形《かごがた》をした六弁の花が斜め下向きに傾いて咲く。カタカゴの名は「傾く籠」に由来するもので、カタクリの花では説得力がないというのである。またこの花は、地下二〜三センチの浅いところに澱粉を含む球根があって、ざっと掬うとザラザラと簡単に採集できる。その上、球根は二つに分かれていて、ポンと割ると片方は栗の形そっくりになる。片は片手、片方の片で半分ということであり、クリは栗の形を指すことからカタクリの名がついたという。前述したように、カタクリの根は細長い棍棒《こんぼう》状でとうてい栗に見たてることはできない。

結局、地上部にカタカゴ、地下部にカタクリの名がついたもので、元のカタクリはコシノコバイモのことであり、今のは第三次カタクリ、つまりカタクリ二世ということか。

『日本植物方言集』にはカタクリの異名が五一記されており、そのうち、名前の上にカタのついた名は一九ある。カタカゴをはじめ、カタコ、カタコユリ、カタユリ、カタハナ、カタヨリといった類である。今も東北の岩手、山形や新潟にはカタカゴの名が残っている。

さて、物に名がつく場合、そこには物と人間との間に手馴れた関係があることによっている。カタカゴやカタクリのそれは、花に対する美意識と球根を食べる実用性の二つの関係から成立したといわれる。平安初期までについた名前には食用の対象を命名の対象としていることが多い。

くまがいそう・あつもりそう…熊谷草・敦盛草

日本にはおよそ二〇〇種ほどのラン科植物が自生する。その中でもクマガイソウとアツモリソウの二種は、日本の代表的名花といえる。花弁の一つが形を変えて唇弁になり、あたかも提灯をぶら下げたような袋状の奇妙な花を開く。

日本は南北に長く、周囲は海で温暖多湿であるためラン科植物は豊富で、丘陵帯の雑木林、草原にはクマガイソウ、シュンラン、サギソウ、キンランなどが多く生息していた。戦後急速にはじまった宅地造成や観光、ゴルフ場といった産業開発による乱開発によって、丘陵帯のラン類は根こそぎ奪いとられる結果となった。開発はまさに自然破壊である。かつて、人里近くの林や竹藪で見られたクマガイソウは、今日全くその姿を見ない。また、高冷地の明るい林床や原生草原に自生のあったアツモリソウも保安林づくりの名目で、ブナ林の伐採、草原の破壊による生態系の乱れからその姿を消しつつある。

いっぽう、これらの乱開発とは別に、山草愛好家をはじめ、野草ブームに乗った人々による乱採取も絶滅の大きな要因となっている。店頭には山採りされた品々が商品として売られており、

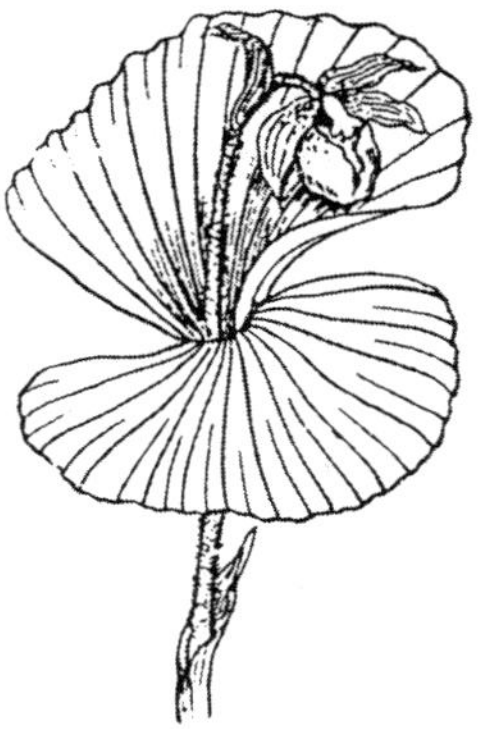

クマガイソウ　日本自生のラン科植物の中ではもっとも美しい姿をした花である。

皮肉にも山草愛好家が野生ラン絶滅促進に拍車をかける格好となっている。ドイツでは、野生ランの採取は法令で禁止する処置をとっているとのことである。

『花の百名山』（田中澄江）には、「かつてはクマガイソウもコアツモリソウも、山かげの杉木立ちのかげに咲いていたと聞いている。山の花々を単に移して花が仕合わせになる道理がない。悪い空気。薬くさい水道の水。土のちがい。移し植えられた山の花々にとって、里に下ろされることは、早い死への旅立ちを意味する」と警告している。ラン類の生育様式は特異であり、環境対応もデリケートで繁殖も容易でない。ことに素人栽培はまず失敗する。クマガイソウもアツモリソウも人目につきやすいだけに、運よく出会うとすぐ掘り去られるという悲しい宿命の花といってよい。

悲しい宿命といえば、この花には戦いにまつわるもののあわれが秘められているのだ。『平家物語』一ノ谷合戦に登場する熊谷次郎直実《くまがいじろうなおざね》と平敦盛《たいらのあつもり》の故事に因む呼び名によることは広く知られている。熊谷草、敦盛草の和名は、大きな唇弁の形を、両武将が背に負っている母衣《ほろ》に見たてて名付けたものといわれる。母衣は保呂、幌とも書く。『広辞苑』には、「鎧の背につけて飾りとし、時に、流れ矢を防いだ具。平安末期には五幅ほどの布帛《ふはく》で長くなびかせるように作り、室町時代からは内部に籠を入れてふくらませた」とある。この程度の防具で矢が防げるのかは別にして、武装の飾りか標識にしたのだろう。

母衣を背負った武士はこの二人に限ったことではないが、渚での戦いが名付け親の心情に深い感動を与えたのであろう。直実は年配の坂東武者、敦盛は潔く散った若年の武士で、この両者を対比して、性質はやや強剛で森林の木陰に淡く咲くのをクマガイソウにあてた。戦いがいかに非情なものであったとしても、あどけない敦盛のくびを刎《は》ねた心の傷は深く、苦悩の末仏門に入った直実の姿がこの花に投影されていると見たのであろう。片やアツモリソウは、日当りの草原に艶やかに咲く。紅紫色の美しく優しいこの花は、若くして散った敦盛の心意気を彷彿するかのようである。

アツモリソウ　唇弁の形が面白いので、その形から英語ではレディーズ・スリッパー（お嬢さんのスリッパ）と呼ばれている。

源平古戦場として知られる須磨浦公園に敦盛塚がある。また須磨寺宝物館には「青葉の笛」の笛が展示されており、館内に流れてくる悲しい音色とともに敦盛への思いが改めて蘇ってくる。さらには、出家遁世する直実に対する人間的魅力にも、また渚に散った萌黄《もえぎ》おどしの鎧にひとしお哀れを感じ胸がつまる思いがする。

さて両種は耐寒性の強い地生ランで、シプ

リペジュウム属、和名アツモリソウ属に入る。シプリペジュウムの語源は、「ビーナスのスリッパ」という意味で、西洋では唇弁の形を婦人のスリッパに見たてているのは面白い。この属に近い洋ランのパフィオペディラム属は比較的広く知られている。なお園芸種の洋ラン類は熱帯産のランが西欧、アメリカで改良されたもので、近年生長点培養によって大量生産できるようになったので洋ランは安価で楽しめるようになった。これに反して東洋ラン類はこの分野の実用化が遅れている。

クマガイソウの分布は北海道西南部から本州、四国、九州の雑木林や竹林の木陰に生える。葉は大きい扇子を広げたような形のものが二枚出て、その間から花茎を出し先端に花をつける。花弁は緑色を帯び、唇弁は黄緑色に紅紫色の網目がある。地下茎は長く横に伸びるので鉢やプランターでは育ちにくい。園芸店でクマガイソウの名で売られているのは台湾産のタイワンクマガイソウで、この種は根が短いので鉢栽培が容易な上、日本で多量増殖がなされている。

アツモリソウの分布は、北海道南部から本州中部の高冷地の草原、亜高山帯の落葉樹林の林床など日当りのよいところに生える。紅紫色の美しい花でまれに白、黄がある。北海道礼文島特産のレブンアツモリソウは淡黄色、本州中部の深山にあるキバナノアツモリソウは、花はやや小形で黄緑に紫をまぜた斑点がある。このほか、コアツモリソウ、ホテイアツモリソウなどの種類がある。両者とも鉢植えは難しいので庭植えが安全。クマガイソウは水はけのよい半日陰地に植える。花期は四〜五月。アツモリソウは高冷地育ちのため、よほどの好条件でないと育て難い。花期は五〜六月。

こぶし　辛夷

水温む夕暮れどき、空高く伸びたコブシの梢に純白六弁の花がびっしりと咲いている。夜目にも浮き出るコブシの花は、気高くもまた壮観な眺めである。

コブシは日本特産の山の花木である。各地の産地、丘陵の日当りのよい疎林に自生する。松の緑との対照もみごとであたりに清浄な雰囲気を漂わす。コブシは春のシンボル。コブシが咲き出すと春はかけ足でやってくる。

コブシはある日突然咲くといった感じの花である。昨日まで気づかなかったのに、急にパッと咲いている。こんな哀しい物語がある。壇ノ浦の戦に敗れた平家の落武者らが、九州熊本の山奥に隠れ住んでいた。早春のある朝、目を覚ますと、辺りの山々一面は無数の源氏の白旗に囲まれていた。彼らは〝もはやこれまで〟と覚悟、全員自刃して果てたという。平家一門にとっては〝恨みのコブシ〟であったろう。

コブシはモクレン科の落葉高木。葉の出ない裸木に甘い芳香の花を開く。花は小さいが、樹冠全体に咲くと壮麗。花弁は六枚、ガク片は三枚で短い。なお花柄の下に一枚の葉があるのが特徴。

広く庭や公園などに植栽されるが庭植えすると、枝を四方に張った雄大な大木となる。

似た植物にタムシバがある。日本海側に多く、三〜四メートルぐらいの小高木で、葉を切ると芳香を発散するのでニオイコブシの名がある。コブシとの違いは、花柄の下に葉がついていないことである。冬眠から覚めた熊は、この花を貪《むさぼ》り食うといわれる。

ふくよかな乳白色の大花を咲かすハクモクレンもこの仲間。中国原産の観賞木で、花弁とガク片が同じ大きさであるだけに豪華である。コブシに比べ花弁は寒さに弱い。花弁が紫紅色を呈するのはモクレンで、別名シモクレンという。濃紫紅色のものをトウモクレンと呼び、いずれも庭木、公園樹として植栽する。

類似種にシデコブシがある。落葉低木で、まれに本州中部地方に自生、低木ながら多数の花を咲かすので庭木として愛培している。葉が細いのでヒメコブシの別名もある。花は白か淡紅色。花弁とガク片の区別はなく、弁数多く微香がある。シデコブシの名は、神前に供える玉串に下げる四手（幣）に似ることからついた。園芸種にベニコブシがある。

モクレン科の植物は、進化の上から最古の花木であるといわれる。花の形態が、構造上原始的要素を多分に温存しているという。今から一億年以上も前から生き続けてきた植物だと聞かされると感慨もひとしおである。

さて、コブシに漢名の辛夷をあてるのは誤用だという。中国にはコブシの自生はなく、モクレンを指す。辛夷《しんい》と称する漢方薬は、この仲間の花の苞を集めて乾燥した薬で、鼻疾、頭痛に効くとのこと。

いっぽう、コブシの名の由来は、蕾の形が赤ん坊の拳に似ることからついたとする説。牧野富太郎博士は、「拳の意味で、蕾の形に基づいたものである。実をかむと辛味があるので昔はこれをヤマアララギまたは、コブシハジカミといった。ヤマアララギは山に生えて辛味があるからいったものだろうし、コブシハジカミのハジカミは山椒のことで、山椒のように辛味があるという意味」と解説している。

新井白石の『東雅』には、「ヤマアララギのアララギとは、其香をいい山蘭と書く。コブシハジカミのハジカミは、其味をいいしと見えたり」と記述している。山にあるアララギとは何を意味するのかつまびらかでない。またハジカミの古名に薑をあてることもあるが、ここは山椒でよいだろう。

コブシ　日本特産の木で、昔の人はこの花の開花によって農作業の目安にした。

これとは別に、果実の形が拳に似ることからついたとする説もある。コブシの果実は球形だが、それが数個集まりそれを包む袋状の集合果の形が、さながら拳に似ることからついた。果実は一〇月前後に成熟、成熟すると裂開して白い糸を垂れ、その先に赤い種子をつける。種子は辛い。また蕾の形を筆の頭に見たてて木筆と称する別名もある。

コブシの花は農事と深い関係があった。北国の人々にとってはコブシは春を告げる花で、コブシが咲くと田の仕事をする目安にした。「田打ち桜」と称する地方がある。そしてコブシの花が多い年は豊作、まばらに咲く年は凶作といったいい伝えもある。どの花が咲いたら、どんな農作業をするかは地域によって異なる。そしてそれは、地域差を考慮しない暦法による暦よりも、より即地的、即物的な暦といえる。地域の自然の動きに対応して行われる農作業の営みは、経験から学んだ生活の知恵であり、それが、いい伝えや諺となって固定したものを「自然暦」と呼んだ。

コブシの花を「田打ち桜」と呼ぶ農民たちは、コブシを桜と見たてるのであった。桜は稲作の予兆の花で、桜のサは田の神、クラは神の座であって、桜が咲くと田の神の来訪とみた。桜の遅い北国では、コブシを田の神の来訪とみた。川口孫治郎編著『自然暦』には、全国各地から採録された自然暦が数多く掲載されている。コブシについてのそれを一、二拾ってみるとつぎのような諺がみられる。

「コブシの花時に味噌煮りゃしくじりなし」(長野)。

信州ではこの頃が〝味噌だき〟の季節。蝿が少なくウジの心配なく、色よく匂いに優れた味噌が作れるとのこと。面白いのに「落第花」(久留米)というのがある。中学校の校庭にコブシがあり、陽春三月白く咲く。その頃、学年試験成績の査定が終って及落が決まるのでこう呼んだ。人の心とコブシとの出会いは一つの感動でもあったのだろう。

さくらそう

桜草

サクラソウは春を告げるにふさわしい鉢花である。園芸界では、日本産のサクラソウから改良したものを日本サクラソウ、西洋で改良されたサクラソウを西洋サクラソウと呼んで区別している。西洋サクラソウを習慣上プリムラと呼んでいるが、このプリムラという言葉は、サクラソウの仲間につけられている学名で、その語義は〝第一の・最初の〟という意味で、早春から咲き出すことを意味している。日本サクラソウは四月から五月の開花だが、プリムラは温室栽培ということもあって、二月頃から店頭に出る。

いっぽうサクラソウという言葉は、俳人一茶が詠んだ、

　わが国は草も桜を咲きにけり

の表現通り、サクラに似た花を咲かせる草という意味から名付けられた。

さてサクラソウの仲間は、世界には約二〇〇種、日本には一三種がある。クリンソウ、ハクサ

ンコザクラ、ヒナザクラ、ヒメコザクラ、ユキワリソウ、ソラチコザクラ、オオサクラソウ、ヒダカイワザクラ、テシオコザクラ、カッコソウ、イワザクラ、コイワザクラおよびサクラソウである。

日本サクラソウは、野生のサクラソウを素材にして園芸的に改良されたもので、豊富な花形と色彩はもとより、「嫋々《じょうじょう》として露なお重し」と表現される可憐な草姿は、まさに日本的名花としてふさわしい。

野生のサクラソウは、中国東北部から朝鮮半島にも自生しているが、日本固有の草花として日本人の手で改良されたのが日本サクラソウである。日本では、北海道南部から、九州に至る山地や低湿地に広く自生していたが、今では珍品となっている。

昔は、関東の荒川流域の尾久の原、浮間ヶ原、戸田ヶ原にはサクラソウの大群落がみられたが現在ではほとんど絶滅してしまった。わずかに浦和市田嶋ヶ原の自生地が国の特別天然記念物に指定されているという状況である。

江戸時代は将軍を筆頭に、武士から庶民に至るまで園芸に熱中した時代であるが、人びとは荒川流域にサクラソウを訪ね、珍奇な変り物を求めては培養に努めたのであろう。風流を心得る大名たちの中には、参勤交代のつど珍品を国許へもち帰ったともいわれる。

サクラソウの愛培家は、比較的限られた人たちで、しかも、一子相伝、門外不出といった閉鎖的な扱いで、栽培法や観賞にも厳格な作法があったようである。それだけに伝統性が温存されているが、反面大衆性を欠いたため、今日でもこの花を知る人は少なく、一部の愛培家の手で保存継承されている程度である。近頃江戸文化の見直しの風潮もあって、日本サクラソウが再び注目を浴びるようになってきた。

日本サクラソウには約三〇〇種ほどの品種がある。永い培養の歴史の中で作出されたものであるが、それにしても、一種の野生サクラソウから、これだけ多くの品種が生まれるということは、じつはこの植物には、変化性に富む天性がそなわっているということである。

それは花の形態に特徴がある。短柱花と長柱花という二種類の花があって、一株全体は一種類の花だけをつける。短柱花とは、めしべの長さが、おしべに比べて極端に短い花で、長柱花とは、反対にめしべが極端に長い花である。そのため、同じ型の花では受粉が物理的に困難で、違う型の花としか受精できない仕組みになっている。

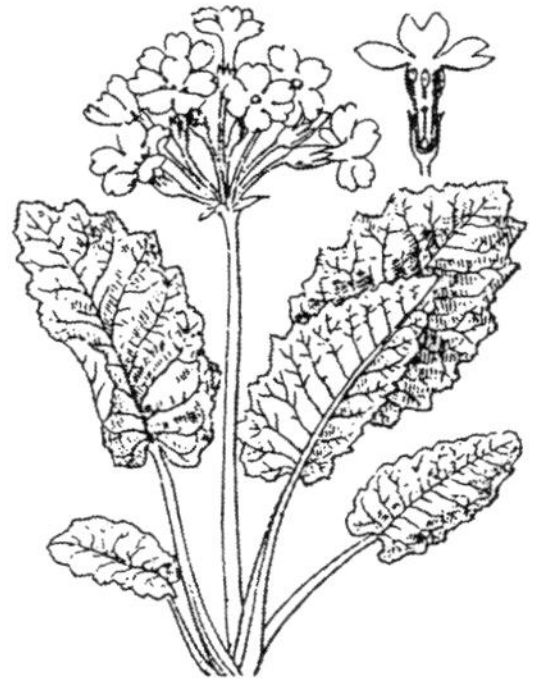

日本サクラソウ　日本サクラソウ栽培の歴史は古く江戸時代から盛んであった。現在は約三〇〇もの品種がある。

これは、自家受精を避けるという巧妙な自然の造形で、サクラソウの変化性の秘密はここにある。したがって、交配は常に違う株の花との間で行われるから、変り物が出やすいのである。

めざましい発展をとげたサクラソウの培養も、幕末から維新にかけての激動期には、担い手を失って衰退していった。花の改良は平和な時代でなければならない。と同時に、文化のないところには花は育たないといわれる。ヒマラヤ地方では、ケシもサクラソウも、住民たちにとっては家畜も食べぬ害草でしかなかったのである。たおやかで可憐な日本サクラソウは、日本の気候と風土を背景に、江戸文化が練り上げて作り出した花文字ともいえるのである。

戦後、昭和三〇年前後から、関東と関西に「桜草の会」が復興し、篤志家の手で保持されてきたサクラソウの苗を会員に配布し、展示会や雑誌の発行も行われるよりになった。今日では、園芸店でも容易に苗が求められるようになったので愛培家の層も広がっていくだろう。

いっぽうの西洋サクラソウ、いわゆるプリムラは、改良も進み早春の花として広く親しまれている。目につくのはつぎの四種類で、いずれも素晴らしい鉢花である。

プリムラ・ポリアンサ種は、多くの仲間との交配からできたもので、多数の花茎に巨大輪の花をつける人気種。

ジュリアン種は、ミニチュアで可愛い。色彩が豊富で、日本でも改良が加えられた人気種である。

マラコイデス種は、一本の花茎に、小さい花が輪状にびっしり咲く。花の変化は少ないが、オトメザクラの別名があるように初々しくて可愛い。かつては西洋種の代表格だったこの花も、ほかの種に押されて消えつつある。花の世界にも、栄枯盛衰のならいは避けられないようだ。

オブコニカ種は、花色は中間色で花期は長く、ボリュームがあって鉢物に向く。葉裏の毛でかぶれるので要注意。

さるとりいばら

山帰来

初夏の山歩きはサルトリイバラとよく出会う。「く」の字形に曲がりくねった堅い茎のところどころに、下向きの鋭いトゲがあって、引っ掛かるとひりひり痛む。

このトゲに引っ掛かった猿が捕まることから猿捕茨《さるとりいばら》の名がついた。密生している場所に踏み入ると、猿だけでなく人間も進退極まる。モガキイバラ、ジゴクイバラという恐ろしい名もある。

ユリ科の蔓性落葉小低木。葉の付け根から巻きひげが出て木によじ登る。根元の茎は特に堅くトゲがないので箸にした。また奔放な樹形に野趣味があるのでいけ花によく使われている。

春がくると柔らかい葉が出る。若葉は淡黄緑色で葉縁やや赤味。丸っこい形の葉で、表面は滑らかで三、四本の筋がある。

昔から餡《あん》ころ餅を包むのに手ごろであるのでよく使われた。端午の節句の柏餅《かしわもち》はこの葉。カシワモチノハ、カシワノハの名で親しまれ、ひなびた味は捨て難く、その移り香は懐かしい。また葉が丸く亀の甲羅に似ているのでカメノハ、カメイバラ、ガメシバなどの呼び名もある。

『日本植物方言集』には二五五の異名が記載されていて、それだけ人間との関わりが深いこと

さるとりいばら　葉の付け根から巻きひげが出て木によじ登る。根元の茎は特に堅くトゲがないので箸にした。

を示している。花言葉は「搦《から》み」。

世間では山帰来と呼んでいるがじつは別種で、日本には、カラスギバサンキライ、オキナワサンキライ、サツマサンキライ、マルバサンキライなどの種類があるが、本来は中国産の名であって、本種は和《わ》山帰来《さんきらい》と呼んだりしている。

こんな伝説がある。その昔、梅毒にかかると治療ができず村を追われて山に捨てられた。飢えに耐えかねたその男は、秋に紅く色づく小さい実や根まで掘り出して食べていたところ、にわかに元気になり足どり軽く山から帰って来たので、以来この低木を山帰来と呼び珍重するに至ったという故事である。

梅毒はともかくとして、根茎は「菝葜《ばつかつ》、土茯苓《どぶくりょう》」の名の漢方薬で中国産のものがよいが、日本産のサルトリイバラの根茎も和山帰来と呼びその代用品。根茎を水洗いし、日乾したものを煎じて飲む。発汗解熱、利尿、皮膚病に効く。

根茎は太くふくらみ、ほぼ横に伸びており、この根っこからパイプを作った。古い根っこほど面白い形のパイプができる。「田舎紳士」の自慢作と得意顔になったのも遠い昔のことであった。

秋も深まる頃、珊瑚のような紅い実をよく食べた。やや水気に乏しいうらみがあるがさばさばした味だった。猿も食欲をそそられたことは間違いなさそうだ。熟した果実を爪で割ると中から粉末のようなものが出てくる。その実が、関節の痛みや筋肉のけいれんに効く。山帰来の伝説は今も生きているのである。

しょかっさい

諸葛菜

春はたけなわ。かげろう燃え、百花乱れ咲き、庭の片隅にショカッサイが咲く。この花、小さい草姿に不釣り合いなほど大きい濃い紫の花をつけるのでひときわ鮮やか。

中国原産のアブラナ科の一年草。一度作るとこぼれ種子からでもよく生える。思わぬところに咲いたりするほど丈夫で世話いらず。雑草の代わりに種子をばらまきしておくと空き地を飾ってくれる。

群がり咲くと、紫の霞がかかったかのように美しいし、黄色のアブラナと混植しておくといっそう明るく映《は》える。

一名ムラサキハナナ、オオアラセイトウ、シキンサイ、ハナダイコンと呼ぶ。しかしハナダイコンは別種。シキンサイ（紫金菜）は中国南京郊外の紫金山に因《ちな》んだ名。

和名について種々の論議があるが、牧野富太郎博士命名によるオオアラセイトウが正式名とされる。

ショカッサイは諸葛菜と書く。『広益地錦抄』（一七一九）に、「諸葛孔明このたねを陣屋にもたせて其所にまき糧《かて》としたるなん」とある。どうして彼、諸葛孔明と結びつくのか。この書物にある植物はハボタンらしいが。

漢名は、「菲葸菜《ひそくさい》」と呼ぶらしい。「諸葛菜」は四川省あたりの方言だといわれるが、『中国高等植物図鑑』には、諸葛菜の名で記載が見えるのでこの名が標準名。

さて、その諸葛孔明とは、中国三国時代に活躍した名宰相。後漢の末に起った魏《ぎ》・呉《ご》・蜀《しょく》の三国の、その蜀の有名な戦略家。名は亮、字は孔明といった。

当時の蜀は、漢帝国の正統の継承者であるという自負を持っていたが、最も弱小国であった。そこで蜀の劉備《りゅうび》が孔明の庵《いおり》を三度訪ねて遂に軍師に迎えたという。「三顧の礼」の諺は、劉備と孔明の故事からできた言葉。礼儀を尽して有能な人を招くという意味で、中国に生まれ、今も日本人の心の中に生き続ける金言の一つである。

ショカッサイ　オオアラセイトウが正式名で、ムラサキハナナとも呼ばれる。戦後急速にひろがって、半ば野生化している。

彼は「天下三分の計」なる謀《はかり》ごとをめぐらし、その一つに立てこもって、司馬仲達の率いる魏軍と五丈原で対戦中に病没して野望は潰えた。時は建興一二年（二三四）のこと。

孔明の誉れは古今にとどまり語り継がれてい

る。土井晩翠《どいばんすい》は、「星落秋風五丈原」と詠じた。

いささか謎めく話だが、彼は戦時の食糧にするため、各地を転戦の折にこの種子をまいたことからショカッサイの名が出たという。中国では冬季に若苗を摘んで食べる。しかし孔明がまいたのはカブが真相らしい。生長も早く、全体が食べられるからである。

わが国への渡来は、江戸前期との説もあるが、昭和一〇年代が初めらしい。その後三〇年代から急速に広がり今では半ば野生化している。思わぬところに咲いているのは「花ゲリラ」の仕業によるのかもしれない。

すみれ

菫

春はスミレの季節。人家近くの日溜まりや路傍、畦道などわずかに残された自然の中にスミレが咲く。南北に細長い日本列島には、世界の半数に近い約二〇〇種が自生している。〝スミレの都〟の言葉通り、日本は世界に誇るスミレ王国である。都市化の波で事情は変りつつあるものの、気をつけて見れば、身近な場所でも発見できる。

春の野に　菫採みにと　来し吾ぞ　野をなつかしみ　一夜寝にける

は、『万葉集』にある山部赤人《やまべのあかひと》の歌。いかにもおおらかな万葉人の風情が偲ばれる。スミレは古歌にも多く、遠い時代から、代表的な春野の花として広く親しまれていた。

遠い昔は、ただ美しい野の花を摘んで遊ぶといった優雅なものだけではなかったようで、スミレも食べる野草として摘んだ。昔の暮らしは想像以上に厳しかったと思われる。裏日本や北海道の一部では、今もスミレは山菜として摘んでおり、花の二杯酢、葉の和えもの、ひたし、煮物、てんぷら、スミレ飯などで食べている。

いっぽう、スミレは薬草として利用される。ルチンと称する血圧降下作用のある成分が含まれており、昔の人たちは、経験的にスミレの薬効を知っていたのであろう。山部赤人の歌について、こんな解説をする人がいる。

赤人は、その名の通り、高血圧のためいつも顔を赤らめていた。彼は、薬草にとスミレを摘んでいた折、高血圧で倒れて一夜を明かす。夜露で目覚め、翌朝帰った彼は、自然詩人の名誉にかけ体裁をつくろうためにこの歌を詠んだのだという。うがち過ぎの話のように思うのだが。

和名スミレに、須美礼、菫、菫菜の字をあて、このほかに一夜草、相撲取草、駒引草などの名前がある。漢名では、スミレは菫々菜で、菫菜は別種で、セリかパセリーを指す。いずれにしても、食べる菜の意味がある。

スミレの語源には、つぼみの姿が、大工道具の「墨つぼ」の形に似ることから、墨入れ↓スミレになったとする説。もう一つに、古代の武者が持った「隅取柄弦《すみとりえづる》」と称する旗印の「隅入れ」に由来するという新説もある。

さて花は、花茎の先に、一つ横向きに咲く。五枚の花弁のうち、二枚は上向き、二枚は左右に、あとの一枚は唇弁といって大きく、後ろ側は筒状の袋になっている。これを距《きょ》と呼ぶ。蜜袋で、蝶などは長い口吻《ふん》を挿し込んで、蜂などは側面をかみ切って蜜を吸う。

この距のところを引っかけて、引っぱり合う遊びがある。スモウトリバナ、カギヒキバナなど類似の呼び名が広く各地に残っている。『日本植物方言集』には、スミレの方言が約二〇〇種ほど所収されており、いずれも子供たちの遊びの中から名付けられたものらしい。

信州には、カミシリバナ（神知り花）と呼ぶ名前が残っている。スミレで花相撲をとらせ、勝った村が、その年の作柄がよいと占った。大人の世界の遊びは、神意を占う聖なる神事であったようだ。

「山路来て何やらゆかしすみれ草」といった情景は、現代の生活からは遠いが、春の郊外で見つけた可憐な姿は、今なお人々の心を惹く。〝ゆかしい花〟それは日本的ほめ言葉の最上位。紫は高貴で上品な色とされた。西洋でも、バラは美、ユリは威厳、スミレは誠実、ひかえ目の花として愛されている。花言葉は「誠実、謙譲」。

「すみれの花咲くころ　初めて君を知りぬ」の歌は、女性憧れの宝塚の名曲。このスミレは、明治の頃に西欧から入ったニオイスミレ（バイオレット）で、このスミレに影響されてか、与謝野鉄幹らのロマン主義の詩人たちは、空に輝く星とスミレをよく詠んだので星菫《せいきん》派《は》と呼ばれた。

スミレ　日本中どこでもみられる代表的なもので、花は濃紫色、株元から葉と花茎がでる。

スミレの花色には、紫のほか白、黄、淡紅がある。花型には、一重、半八重、八重が、また、花の形は、大同小異の言葉通り、大・小あるがほとんど同じ。草姿には、株元から葉と花茎が出る無茎グループと、タチツボスミレのように、地上部に伸びた茎から、葉と花茎が出る有茎グループとに分けられる。

山野や道端によくある種類は、スミレ、ノジスミレ、タチツボスミレの三種である。スミレは濃い紫で、葉はへら形で最も広く分布する。ノジスミレは花は淡紫、葉に毛がありスミレより早く咲く。タチツボスミレは、ハート形の葉で生育旺盛で群生し、春早く淡紫の花が咲く。『万葉集』にも三首詠まれ、春の息吹きを感じさせてくれる種類である。

日本のスミレは、改良する余地がないほど素朴で美しいが、西欧で改良されたパンジーに比べると大衆向きでなく見劣りする。花は小さく、花期も短い。その上、園芸化され難い性質があるなど、優雅ではあるが派手さはなく、代表的な野の花といえよう。

春の間、美しい花をつけるが、この花には種子ができない。初夏を過ぎてから、つぼみのような花がたくさん出るが、この花を閉鎖花という。つまり、開花せぬままで種子を作るのである。花は生殖器官で、開花は晴れの結婚式だが、スミレの場合は、若気の過ちで子供までできてしまったので、いまさら、結婚式でもあるまいといったところ。自然の摂理は、確実に種子を作ればよいのである。種子の入った蒴果《さくか》は熟すと三つに裂け、乾燥すると縮んで種子をはじき飛ばす。その種子の一端に、蟻が好む脂肪のかたまりがついている。蟻は巣の中で食べた後外に捨てる。蟻によって各処に運ばれるという珍しい蟻散《ぎさん》植物である。

蟻が曳くすみれの種の細さかな　　草堂子

たんぽぽ　蒲公英

タンポポが目につくようになった。郷愁を誘う花である。ひと口にタンポポといっても、世界には数百種、日本には約二〇余種のタンポポが自生しているといわれる。

近頃では、昔から日本にあったタンポポ（在来種）に加えて、西洋タンポポ（洋種）という外来種が爆発的に勢力を広げてきたようで、タンポポの世界に異変が起こってきた。この洋種は、春から秋の終りまで、さらには暖地の日溜りでは真冬にも咲いているといった具合であるから、タンポポにはもう季節感がなくなってしまった。

西洋タンポポが増えてきた要因は、一つは、都市化が進み、コンクリートなどの使用で土地がアルカリ性になること。この種はアルカリ性に適しており、反対に日本の在来種は酸性を好むので駆逐されていったのであろう。

もう一つの要因は、繁殖様式の違いによるといわれる。在来種は自家不和合性という遺伝的性質のため、一個体の花だけでは種子ができない。近くに他の花がないと種子ができないので、個体群つまり〝群れ〟が必要である。黄色の絨毯を敷きつめたような集団を呈するのはそのためだ。

これに対して洋種の方は、単為生殖といって、めしべが受精せずに種子を作るという便利な殖え方をする。したがって群れを作る必要はなく、いわゆる一匹オオカミでどんどん勢力を拡大していく。その上、前者に比べて　種子も軽いので落下傘で遠くへ飛ぶことができる。在来種の方は、せいぜい一メートルぐらいの範囲だそうだから分布範囲は狭い。このように都市化の波は生態までも変えてしまったようだ。

洋種は明治三七年に北海道で記録されてから、各種のルートで欧米から帰化してきた。今では、都市周辺のタンポポはほとんどこの種類である。草姿はすべてが大作りで、葉は地面からやや立ち上がっている。その上、花弁をとり巻いている総苞片の先が、そり返るように下向きになっているが、在来種は上向きである。

フランスでは野菜並みの食用タンポポが売られている。ひたし物やサラダとして食べる。このほか、花を煎じ、これに砂糖などを加えて発酵させてタンポポ・ワインを作るらしい。私も種子を入手したので楽しみにしている。日本でも古くは野菜として種子をまいて栽培していた。日本最古の農書である、『親民鑑月集』や、江戸時代の農書に栽培法や食べ方が記載されているのをみると、かつては重要な野菜であったのだろう。戦前は春の若葉を食べたものだが、アクが強い。アクは、個性であり、持ち味であってかえって珍重された。

中国では重要な漢方薬である。全草を煎じて飲むと、鎮静、利尿、健胃、解熱などに効くという。根は干して煎じて粉末にして、タンポポ・コーヒーにする。鎮静によい。

旧ソ連では、ゴムを採るゴム・タンポポを育成している。このように、人間の知恵はタンポポのたくましさを凌《しの》ぐかのようである。

さて、タンポポの名前の由来であるが、蒲公英は中国名で、古くは、田菜（タナ）、布知奈（フジナ）、蒲公草、鼓草などと呼んでおり、タンポポの名が初めて出るのは『閲圃食物本草』（一六六一）である。また地方にはいろいろの呼び名があるようで『日本植物方言集』には一三〇余の異名が出ている。

タンポポの語源について、『大言海』には「古名タナナリ、タンハソノ転ニテ、ホホハ花後ノ絮《わた》ノホホケタルヨリ言フ」とある。牧野富太郎博士は、タンポ穂の意で、球形の果実穂からタンポを想像したのであろうと述べている。

タンポポ　開花は光に鋭敏で、朝開いて夕方閉じる。農夫の時計、牧童の時計とも称する。

いっぽう、柳田国男『野草雑記』には、名前の発明者は子供で、タンポポはもと鼓を意味する小児語で、子供が名付け親であったと説かれているのは大変面白い。タンポポ笛を作ったり、茎の両端を細かく切って水につけると、鼓の形のようにそり返るし、花を二つ接ぎ合わせると鼓ができる。春風になびいて間えてくる鼓の音を、子供たちはタン・ポンポンと唄いながら野辺で遊んだのであろう。

タンポポの葉は独特の切れ込みがある。あたかも、ライオンの歯並びに似るということから英名をダンディライオンという。ほおけ花を、ふっと吹いて花占いをする。花言葉は、「別離、軽率、神託」など。世界中の子供に愛されている。

花には黄と白がある。『本草綱目』には紫花があるというがこれは別種である。白花タンポポは西日本に多い。開花は光に鋭敏で、朝開いて夕方閉じる。農夫の時計、牧童の時計と称し、夕ンポポが閉じかけると羊をつれて家に帰る。曇天や雨天の時も花は閉じる。晴雨計のようである。

たんぽぽの雨に花閉づことを見し　播水

俳人の炯眼にうたれるものがある。雨蛙が鳴くと夕立が近づくといったが、今では、タンポポが閉じかけると夕立が近いといえる。開閉はそれほど鋭敏である。

タンポポの花茎は、蕾のときは短いが、開花までにぐんぐん伸び上がり、花が終ると花茎は静かに横にねる。種子が熟するためらしい。そして再び、成熟した種子を遠くに飛ばすために冠毛をつけたタンポ穂が一番高い位置になる。造化の妙とはまことに巧みなものである。

つばき

椿

ツバキは日本原産の植物で、世界に誇る代表的花木である。日本の気候・風土によく順応し、日本人の生活と心の中に深く根づいている最も親しい植物である。

常緑の葉も美しいが、艶やかに照り輝く葉の間から、雅趣に富んだ大きな花を咲かせる。侘び、寂びといった気品のある花から、華麗な花まで色彩や花形は多彩であって、今日、園芸品種の数は優に一〇〇〇種を越えている。

近年、外国でもツバキの愛好者が増えてきており、これに刺激されてか、国内でもツバキへの関心は高く、各地に五〇余の椿同好会が創立されるなど、近年ツバキは、世界的ブームを迎えている。

ツバキは樹齢が長いのも一つの特徴で、椿寿《ちんじゅ》の言葉通り、各地に老大木や巨椿が現存している。能登には、樹齢七、八〇〇年の天然記念物がある。また、奈良や京都の古社寺には著名な銘椿が多い。茶の湯の興隆と時を同じくして、茶花として愛用されたツバキは、長寿と吉祥を願って、各地の名木が寺社へ献納されたのであろう。

室町末期と推定される巨椿や、権力者、風流人遺愛の数々の銘椿が、古都の伝統文化の中に生き続いているようである。

ツバキの記録は、日本最古の文献といわれる『記紀』、『風土記』、『万葉集』に登場する。古代の人たちにとっては、観賞以外に生活の上でも重要な有用植物であった。種子から搾る椿油は、食用、灯用、化粧用や医薬に欠かせぬものであった。また、ツバキの灰汁は紫染めの媒染剤として、堅くて緻密な材は農具の柄などに利用した。

いっぽう、ツバキには呪性や霊力が備わっていると信じた時代があったようで、『日本書紀』に、ツバキの槌で土蜘珠を退治したことが出ている。また、古代の宮廷儀式に、ツバキで作った椿杖や椿槌で悪鬼を払う神事が行われており、今日でも、正月初卯の神事に椿杖や椿槌で邪気を払う神社がある。正倉院には、一二〇〇年前の椿杖が伝存している。またいっぽう、聖樹としてのツバキは仏教行事にも登場する。東大寺二月堂の「お水取り」の修二会《しゅにえ》および奈良薬師寺の花会式には、紙椿の造花が立てられるなど、ツバキを畏敬してきた日本人の心情が窺えるようである。

さて椿という字は、木偏に春で、春を代表する木の意味で、日本人が作った国字である。漢名では「山茶、山茶花」であって、漢名の椿はセンダン科のシンジュのことで全く別の植物である。漢名和名ツバキは、漢字の渡来以前からあった言葉で、これに日本人は椿の字をあてたため混同した時代があった。そんな背景から「椿事、椿説」の言葉ができたという。

和名ツバキの語源にも諸説がある。葉が厚い厚葉木《アツバキ》のアが、艶のある艶葉木《ツヤバキ》のヤが欠落してツバキとなったという説。花の形が刀の鍔《つば》に似ることから鍔木《つばき》、枝を切ると唾液のような汁が出るので唾を吐く唾木になったとする説など諸説紛紛。折口信夫の『花の話』によると、口から吐く唾をつばきともいうが、ツバキに占いがあるように、唾にも占いの意味があると考えている。

わが国の古文献には、ツバキの別称に「海榴、海石榴」の漢名が出てくる。この字は、隋の煬帝の頃に出ている呼び名といわれ、「海を渡って中国に来たザクロ（石榴）に似た果実をつける植物」という意味で、その頃すでに、日本のツバキが海を渡って中国に導入されていたことを示している。

ツバキ　艶やかに照り輝く常緑の葉の間から、雅趣に富み、色や花形が多彩な、大きな花を咲かせる。

日本に野生するツバキには、ヤブツバキとユキツバキの二種がある。前者は、関東以西の太平洋岸と四国、九州に野生、後者は、福井から秋田に至る日本海側の多雪地に野生、両種はみごとな住み分け分布を示している。

ヤブツバキは暖地海岸型の照葉樹林の典型で、独特の照り葉に、赤い大きな花をつける。花弁は基部で癒合、花色は赤以外に、白、桃、絞り、覆輪《ふくりん》と変化に富み野生の美しさがある。品種数も多く、思わぬ変り物が発見されたりしている。

東北地方の男鹿半島や青森県の陸奥湾に面してヤブツバキが群生する地点がある。これらは自然の野生地の北限ではなく、人為による移植と考えられている。暖地性のヤブツバキが東北の地まで、誰が、いつ頃運んだのだろうか。

青森県椿山は男の涙で咲いたなど、ツバキにまつわる伝説は多い。柳田国男の『椿は春の木』(『豆の葉と太陽』所収)には、信仰をもち運ぶ女旅人ではなかったかと語っている。また若狭地方に伝わる八百比丘尼《やおびくに》という長命の婦人が全国を遊行して植えたと伝えるなど、女性の手で広められたという伝説である。日本版「椿姫」の物語である。

一方のユキツバキは、雪国のツバキという意味で、花色は赤が基本でいろいろある。花は平開咲の一重、枝はしなやかで樹形は低く、乾いた寒風に弱い。

最近、洋種ツバキが注目されている。日本のツバキや中国のツバキが外国で改良されたもので、花色、花容は変化に富み、大輪の豪華なものからミニチュアまで、ツバキの概念が一変するほど多彩である。今、世界のツバキ愛好者が競っていることに、一つは、中国産の黄金のツバキを日本のツバキに入れることと、匂いツバキを作出する夢である。一日も早いことを期待したい。

ねこやなぎ　猫柳

立春を迎えると、さすがに日脚は伸び、木々は芽ぶきはじめてくる。春浅く、風の冷たい早春の川辺に、銀色の毛に覆われたネコヤナギの花穂が鈍く光って見える。

猫柳湖畔の春はととのはず　播水

なめらかな銀色の花穂を、猫の尻尾になぞらえてつけた名。

『万葉集』には、「川楊、河楊」の名で四〇〇あり、早春の河畔の趣を詠んでいる。古書にはこのほか、「水楊、加波也奈岐」もあり、又別名を、「エノコロヤナギ、タニガワヤナギ、コロコロヤナギ、サルヤナギ」などの名前もある。

江戸時代まではカワヤナギと呼ばれていたらしく、明治以降からネコヤナギになったといわれる。

広義のヤナギには、枝が立つヤナギ類と枝が下垂するシダレヤナギ類とがある。漢名は「細柱

ネコヤナギ　銀色に輝く花穂は早春の寒さの中で、はや春の到来を告げているようである。

柳」。前者に「楊」、後者に「柳」の字をあて区別している。

ネコヤナギにも、枝の立っている普通種をタチネコヤナギ、枝の下垂する変種をハイネコヤナギと呼び、また、葉に斑の入ったフイリネコヤナギや花穂の毛が黒色のクロヤナギと称する珍しいものもある。

ヤナギの仲間は世界に数百種、うちネコヤナギは中国、朝鮮半島、日本に自生。北海道から九州のいたるところの川辺や湿地に見られる。

いっぽう、観賞用に庭木として栽培したり、いけ花材料としても親しまれている。また、和歌、俳句の題材としても多く登場する。

猫柳薄紫に光りつつ暮れゆく人はしづかにあゆむ

は北原白秋。花言葉は「自由」。ネコヤナギは早春の風物誌である。

三月の声を聞くとにわかに春めいてくる。暖かくなるにしたがって、大きく膨らんでくると自ら皮を脱いで花穂は伸び花が咲く。花穂のない裸の花が、花穂にひしめくようになると趣は一変する。

雌雄異株《しゅういしゅ》で、雌の花穂は三センチぐらい、雄の方は約四センチと長い。花材としては雄株が使われることが多く黄色の花粉をいっぱいつけ美しい。

花は小さいがハチやアブ類が媒介すると種子ができる。当然、雌株と雄株がないと種子はできない。成熟した種子には白毛があって、春風の中を雪のように舞う。それを柳《りゅう》絮《じょ》と呼ぶ。中国大陸では圧巻のようだが、日本では湿気が多いためすぐ地にへばりついてしまう。

冬芽は、芽りんと呼ぶ褐色の皮をかぶっていて、これを脱ぐと銀色の花穂が出る。冬から早春に、芽りんを軽く火にあぶって、手で揉み上げると銀色の花穂が出てくる。

ヤナギの名の由来には、矢を作る「矢の木」から出たというのは俗説で、神聖な「斎《ゆ》の木」から出たものだと折口信夫博士はいう。苗代の水口に挿して、田の神の依代《よりしろ》にするにふさわしい木だから。

ふきのとう

蕗の薹

立春を過ぎると暦の上では春だが寒さは厳しい。旧暦の二月を如月《きさらぎ》と別称するが、着物を重ねて着るので衣更着《きさらぎ》とも書く。

萌黄色のフキノトウが、冬枯れの土を割って頭をもたげてくるようになると、庭先のシュンランやジンチョウゲが綻《ほころ》びはじめ、春はかけ足で近づいてくる。

雪国では春の使者である。残雪の中に、淡緑色のフキノトウを見ると、春の息吹きと、さわやかな感動が湧く。冬ごもりから醒めた熊が、最初に探すのもフキノトウ。

フキは文字通り、路ばたの草を表す字。日本各地の山野に自生する代表的な山菜。トウは、フキの幼蕾で、蕾が集まった頭状花である。

茎は地下茎、花と葉だけが地上に出る。繁殖力は抜群。湿った日陰を好むが、どこでも生える。

フキはミツバとともに、野菜がなかった昔は、冬の山菜の代表格。特有の香気と苦みは今も捨てがたい。

ほろ苦き恋の味なり蕗のとう　　久女

口に残るほろ苦い味は、中年の恋の味かも——。

熱いごはんに、生卵とむしり込んで食べる。味噌汁にむしり込む、丸ごと焼く、油いため、てんぷら、刺身のつまなど野生味がうまい。雪国のものほど香りは高く、雪に遭わぬと本物でないという。

フキの漢名に「款冬《かんとう》」をあてるがこれは間違い。別の植物を徳川時代の漢学者が使ったものだが、今でも時々目につくことがある。

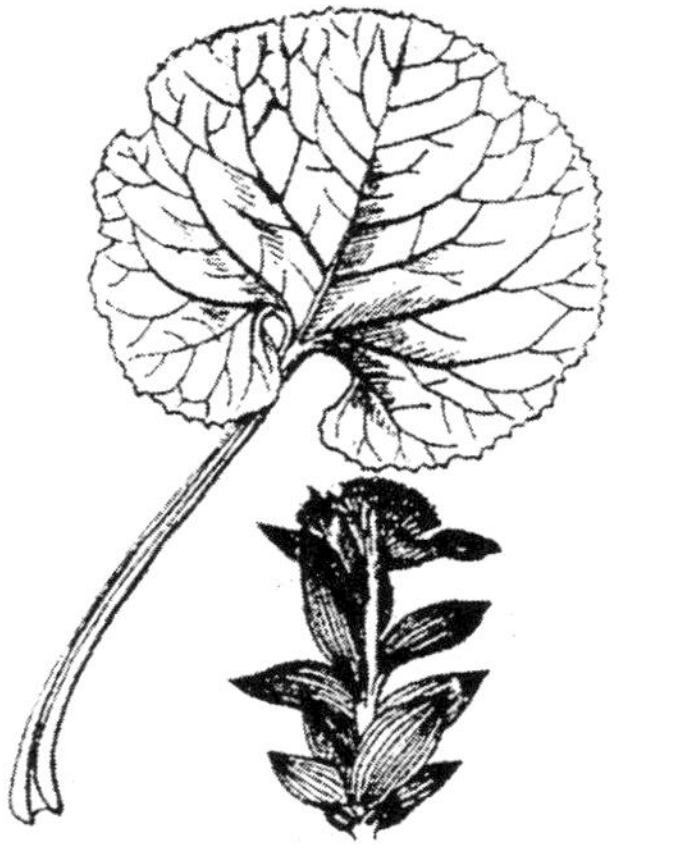

フキノトウ　雪国では春の使者である。残雪の中に、淡緑色のフキノトウを見ると、春の息吹きにさわやかな感動が湧く。

フキの語源についても諸説がある。「フキはフブキの略で、フブキとは、茎葉に孔があり、折ると中から糸が吹き出てくるのをさす」と新井白石の『東雅』にある。金田一春彦博士は、「拭きの葉」ではないかと。野原で用便のあと、拭くのに使ったことから、別に、花後、糸状の冠毛がついた果実が、春一番に吹かれて、吹雪のように散るその姿から——。などさまざま。「富貴」と読んで楽しんでいる人もいる。

フキは雌雄異株《しゆういしゆ》植物で、染色体は三倍体といって不稔性《ふねんせい》である。雌花は淡い黄色の花、果実はできるが発芽しない。雄花は白で早く枯れる。

不稔性のため変り物が少ない。日本の代表的品種は、愛知早生と秋田蕗ぐらいなもの。山蕗は苦味が多くてかたい。

愛知早生（尾張蕗）は、知多半島、尾張平野に多い。二位が大阪、三位は淡路が産地。雌株を作る。秋田蕗は、巨大な葉で、人間の背丈にもなる。東北から北海道に自生し、北に行くほど大きくて壮観。「雨が降っても唐傘《からかさ》いらぬ」の民謡通り。

秋田県の県花。秋田みやげは、蕗菓子とステッキと富貴摺《ず》り。葉柄に芯を入れたステッキ、葉や茎に色を塗り、紙や布に摺りつける技法など、自慢の名物。人間の知恵は、蕗を富貴へと高めていく。

ふじ

藤

新緑の中に華やかにフジが咲く。

紫に白に、滝のように垂れ下がって咲くフジの花は遠目にもあでやかである。美しいこの花は、古代の人の心を捉えた。日本の代表的古典にフジの記載が多いのもそのためだ。『万葉集』には二七首が詠まれており、風にゆれる長い花房を「藤浪」と詠んだ。『源氏物語』には、光源氏の理想の女性が「藤壷」であり、『枕草子』には「松にかかる藤の花」をめでたきものと記しており、『伊勢物語』には「あやしき藤の花ありけり、三尺六寸ばかり」と詠嘆している。そして、平安貴族たちの「藤見の宴」も盛んであった。

いっぽう、フジは古代人の衣生活に重要な位置を占めていた。『古事記』にはそれが予見できる伝説が誌されている。皮の繊維は強じんで、衣服のほか、物を結束したり、かごに編んだりしたようである。

フジは日本各地に野生している。日本には二種のフジがあって、蔓が右に巻くのがフジ、左に巻くのがヤマフジと呼ぶ。山に野生しているからヤマフジというのではなく両者は別種である。

フジ　紫に白に、滝のように垂れ下がって咲くフジの花は遠目にもあでやか。

右巻きのフジが通常のフジで、別名ノダフジと呼ぶ。昔、大阪の野田地方がこのフジの名所であったことに由来している。花には紫と白花があり、花房は二〇～六〇センチと長く、基部から順に咲く。

いっぽうの左巻きのヤマフジは、花房は一〇～二〇センチと短いので簡単に区別できる。花には紫と白があり西日本に分布しており、植木屋はカピタン（花美短）と別称する。

この両者を指して「フジ姉妹」と呼ぶ学者がいる。美しい言葉だ。踊りの「藤娘」も美しい。紫の色を藤色という。かつて、紫は高貴のシンボルで最上の色とされていた。藤原氏一門はフジを家紋にして権勢を誇ったし、フジに因んだ人名や地名も多いようだ。また、衣裳や蒔絵の文様にもフジが多く使われているし、家紋の藤紋も広く愛用されている。

さて、フジの呼び名は、風が吹くたびに花が〝吹き散る〟ことから出たともいう。いささかこじつけのように思うのだが。

フジは他物に絡みついてはい上る生命力の強い丈夫な植物である。密林の王者ターザンもフジにつかまって活躍していた。

藤棚から垂れ下がって咲く花の姿は陽春の風物誌で、九尺フジは二メートルにも達するみごとなもの。また強い匂いのある匂藤《においふじ》には蜂の仲間が群集している。

「草臥《くたびれ》て　宿かる比《ころ》や藤の花」は芭蕉の名句。今どきの藤見ではとうてい俳聖の詩情はつかめない。

花が散って若葉が棚を覆いつくすと太陽は夏の日差しになる。緑陰に憩いを求めて人びとは集まる。

冬の藤棚は寥々《りょうりょう》たるものだが、へら形の周平な果実が寒空の下で、〝パシッ〟と鋭く弾けていく。

ぼたん

牡丹

ボタンは百花の王、花王とも讃えられている。けんらん豪華の大輪はみごとであり、気品のある艶やかさは人びとを魅了する。しかも花の命が短いだけに一層魅惑的である。咲き切って四、五日で二、三片を地に落とし、その後は崩れるようにして花びらを地上に重ねていく。そんな表情もまた美しいのである。

ボタンの観賞は、春の日差しを受けてふくらんできた芽牡丹もよい。カニの足のような芽は、春の躍動を宿しているかのようである。蕾の姿もよいが、若葉を背に朝露を含んで綻びはじめたボタンのそれは、圧巻であり絶讃に値する。

ボタンは中国北西部が原産地。原種は一重の紫紅色。これから華やかな大輪にまで改良された。久しきにわたって、中国の貴族趣味を代表する花であり、また国花でもあったが今はウメになっている。

このボタンも古くは薬草であった。牡丹皮とか丹皮と称する生薬は、根の皮を乾かしたもので、消炎、鎮痛に用いた。ボタンの学名の「ピオニア」は、この根を初めて薬用にしたピオン氏に由来する。大和吉野地方の薬用ボタンは良質といわれていた。根の芯を除いて皮だけ採る作業を「芯抜き」というそうだが、非常な熟練のいる名人芸であるだけに、芯抜きせずに乾かした「手抜き」品もあるらしい。

薬草から観賞花木に変身するのは隋から唐時代にかけてで、とりわけ唐代のボタンブームはあきれるほどの異常さであった。洛陽や長安の都は、花時には全部がこの花で埋まり、名所には熱狂した市民が仕事をせずに押しかけたという。そのすさまじさを白楽天は『牡丹芳』に、「花開花落二十日　一城之人皆若狂」と詠んだ。あまりの美しさに、咲いて散るまでの二〇日間は、長安の人びとは、とうとう気が狂ってしまったというのである。

ボタン　百花の王、花王とも讃えられている。けんらん豪華な大輪はみごとであり、気品のある艶やかさで人びとを魅了する。

さてボタンの名の由来について『本草綱目』は、「牡丹は色の丹（紅）なるを以て上とする。子は結ぶが、新苗は根から生える。故にこれを牡（おす）の丹（紅）という」と述べている。つまり色は丹（紅）が最高で、種子はできるが、種子を播くと親と同じものができないので株分けする。この株分けを牡（おす）とみて牡丹と名付けたという。紅色もそうだが、黄色は特に尊ばれたという。珍種は高値で、今なら一株が高級車に匹敵したというほどで、花盗人も活躍した。なかには、クチナシの実を水に溶かして花を染める魔術師もあらわれるというほどだった。

わが国へは中国から牡丹の漢名で渡来した。牡丹にはいくつかの和名がある。初めは「ホウタン」で、このほか花期が二〇日の故事から「二十日草」、中国の渤海《ぼっかい》（深海）の国から渡来したから「深見草」と呼んだ。また「名取草」の呼び名について古書に、「昔ある女此花を愛して、多く植えおき、昼は終日ながめ暮らし、夜は終夜風に損うことなげきけるに、男他心ありとて離別しけり。とがなしよし聞きひらきて、もとのごとくにすみけるなん。よって名取草という」とある。離婚沙汰になるほど魅入ったという。

牡丹を見てゐて少し日に酔ひし　　播水

ボタンとシャクヤクは近縁で、中国ではボタンを木芍薬、シャクヤクを草牡丹と別称している。またボタンを牡（おす）、シャクヤクを牝（めす）に対比させたり、花はボタンが第一で花王、シャクヤクは第二で花相と称し、洛陽のボタン、楊州のシャクヤクも有名であった。

「立てば芍薬坐れば牡丹」は美人の代名詞。すらりと伸びて咲くシャクヤク、大きな葉に坐ったふくよかなボタンとの対比も嬉しい。

明治中頃から、シャクヤクにボタンを接木する方法が考案された。発育は少々劣るが根が大きくならないので鉢植えに向く。この接木苗は大量生産され輸出花卉《かき》の花形となった。松江の東に浮かぶ大根島は日本一のボタン苗の産地。年間一八〇万株の苗木を国の内外に出している。

ボタンの文様は富貴の品格がある。衣装や調度品の図柄によく使われた。牡丹唐草、牡丹に唐獅子は豪華である。百花の王と百獣の王の組合せは権力のシンボルでもある。貴族の花であったボタンも、江戸時代になってから庶民の花になる。猪の肉を「牡丹なべ」というが、それは権力にあやかった庶民の心意気とでもいえないだろうか。

ボタンは便宜上、日本種、中国種および西洋種に分ける。日本種は、日本の風土に適したように改良されたもの。春咲き、冬咲きに多くの名花がある。花色も牡丹色など豊富。品種名も源氏名や高貴な名前がつけられている。中国種は、明治以降に入ったもので花弁が盛り上がって咲く。西洋種は、フランスで改良された黄ボタンやアメリカでの改良種が多く、今や日本は世界一のボタン国となった。

大和路のボタン寺には観光客がつめかける。塔堂とボタンは不思議と調和する。信者の寄進によって数を増したのであろう。管理も大変である。ボタン料理のお寺や夜ボタンに招く寺もある。夕暮れどき、黄昏に浮かぶ白ボタンは、楊貴妃と重なって見えるという。また大和石光寺の寒ボタンは珍しい。近頃温度処理で冬に咲かせる技術がある。いわゆるボタンを狂わせたものだが、この偽物の出現を憂える声もあるが自然の摂理を狂わせるのが園芸技術の進歩かもしれぬ。

えんどう　豌豆

エンドウといえばメンデル。彼が一八六五年に、エンドウを材料にして遺伝の法則を発見したことはあまりにも有名。

偉大な研究を支えたそのエンドウが、実は遺伝研究に優れた特質を持っているという幸運が成果をあげる結果になったともいわれる。

すなわち、栽培し易く、自然の状態では他の花と交配できない花の構造をしているため、遺伝的に純粋（系）になっていたこと。また、種子の実りが良く、一本に多数の実ができ統計処理に好適していることなどがあげられている。

さてエンドウは世界最古の食用作物。有史以前からの重要な食糧の一つであった。それなのに未だにエンドウの野生種は発見されていない。そのため原産地には諸説があったが現在では、コーカサス地方南部からイランにかけての地が発祥地と考えられている。

「ツタンカーメンのエンドウ」が話題をまいたのは三〇数年ほど前のこと。古代エジプト第一八王朝のツタンカーメン王陵が発見されたのは一九二二年のことであった。

盗掘を免れた唯一の王墓で、黄金製ミイラ覆い、棺や豪華な調度品の数々が発見され、考古学上の貴重な発見となった。

その中から出たのが「ツタンカーメンのエンドウ」というわけ。ちょっと信じ難いことだが、エンドウの生命力には頭が下がる。

そのエンドウ豆がアメリカから昭和三一年に日本に持ち込まれた。各地の小学校や一部家庭で作られ、古代のロマンに花を咲かせた。

わが家も三年前から作りはじめたが、予想以上に丈夫で、繁殖力の強さに驚いている。ピンク色濃淡の花、ワインカラーの実など歴史の香りが伝わってくる。豆ご飯にして食べてみたが、思ったより美味しい。今年も発芽しており春が待ち遠しい。

エンドウ　世界最古の食用作物。晩春から初夏にかけて白花や赤花の観賞が出来る。

エンドウは特別の世話もいらぬ家庭菜園向きの野菜。鉢やプランターで簡単に栽培できる。晩春から初夏にかけては白花や赤花の観賞ができ、続いてさやの収穫。

実を食べるのが実エンドウ。若いさやを食べるのがさやエンドウ、俗にキヌサヤと呼ぶ。巨大なさやのオランダさや、フランスさやもある。

また、さやの豆を育ててさやごと食べるスナックエンドウが今人気を集めている。

煮る、油いため、豆ご飯、高野豆腐との卵とじは懐かしいおふくろの味。グリーンピース、油で揚げた油豆、妙った塩豆、ゆでて蜜豆に使うなど用途はいろいろ。

普通の栽培は、秋に播いて初夏に収穫するが、北海道や高冷地では春に播いて夏に収穫。また和歌山、徳島などの暖地では、初春に収穫する促成栽培があるなど、今やエンドウは年中出回る野菜。れっきとした青果で冷凍物でなく、エンドウは〝しゅん〟に戸惑う。

Ⅱ　夏の花

あかしあ

快い五月の風が樹々の緑を渡る頃、アカシアの花が枝いっぱいに房状に垂れ下がって咲く姿は、花に戯れる胡蝶《こちょう》にも似て優雅である。

アカシアは、北アメリカ原産のマメ科落葉高木。日本でいうアカシアは、植物学上はハリエンジュ、またはニセアカシアのことで、真のアカシアとは別属のものである。両種の呼び名はいささかまぎらわしいが、アカシアといえば普通はこのニセアカシアを指し、真のアカシアは、ミモザとかハナアカシアと称している。

アカシアの花が咲く頃は雨が多い。走り梅雨《づゆ》、若葉雨といった言葉もあるほど。雨に打たれたアカシアの花が樹下いち面を白く染める。

「アカシアの雨にうたれて　このまま死んでしまいたい――」という歌は、水木かおる作詞の六〇年安保の時代を彩る流行歌。深刻調の歌のようだが、花言葉は「死にまさる愛、プラトニック・ラブ」とあるからうなずける。

アカシアはどこかエキゾチックな匂いのする樹。白秋は、西洋風のこの花に強く心ひかれたようである。雨のアカシアの二首。

あかしやの花ふり落す月は来ぬ　東京の雨わたくしの雨

ほのぼのと人たづねてゆく朝は　あかしやの木にふる雨もがな

開拓当初の札幌で詠んだもの。札幌駅前通りのアカシア並木は、西洋風のこの花がよく似合う。明治一〇年に植えられたというが、スズランとともに、たわわに咲く高い花は緑に映えてひとしお美しい。

ニセアカシア　私たちが日頃アカシアと呼んでいるのはこの花で、本もののアカシアではない。街路樹などに植えられている。

白秋の童謡「この道」は、懐かしい名曲。「この道はいつか来た道ああ、そうだよ、あかしやの花が咲いてる」の文句。大正一五年の作詞、山田耕筰作曲のこの歌は、知らない人はいないほど有名。

白秋は、郷里の福岡県柳川市に咲いていたアカシアと札幌のイメージとを重ね合わせて作詞したともいう。

明治六年、オーストリアのウィーンで開かれた万国博覧会に派遣された津田仙が種子を持ち帰ったのが日本での初め。津田仙の子が津田梅子で津田英学塾（現津田塾大学）の創始者である。日本初の街路樹はアカシアである。明治八年、彼の種子から育成された苗を、東京千代田区大手町に植えたのが初め。「明治八年ニセアカシアをこの道路に植えた」という石碑が建っている。適応力が強く、日本各地に分布しており、その上、マメ科のため土地が肥える。砂防のための造林に最適。神戸市も大水害のあと六甲山各所に造林した。

信州蓼科《たてしな》から白樺湖にかけても多く植えられている。五月中旬、研修旅行に同行したが霧雨で視界悪く姿を見ることができず残念だった。また花に芳香があるので蜜源植物としても重要な樹種である。

あじさい　紫陽花

アジサイは初夏の花でもあり、梅雨《つゆ》の花でもある。初夏の光に映えるアジサイも、雨に咲くアジサイも、冴えざえと美しい。うっとうしい梅雨空の下、沈みがちな人の心も、季節の花に触発されてほどけていく。

アジサイは、日平均気温が二〇度以上で開花する。日本南部では五月下旬、北日本では六月下旬頃で、花前線のスピードも、南部では緯度一度につき約三日、北日本では約八日で北上する。

アジサイは日本原産の植物だが、その生いたちは充分明らかでない。アジサイ王国とも称される日本には、約一〇種ほどの仲間が、山地や谷間の林床に野生しているのに、アジサイの野生種は見当らない。

遠い昔に、関東南部や伊豆半島、伊豆諸島の海岸近くに野生しているガクアジサイが、自然交雑か突然変異によって、今日のアジサイの原型が成立したのではないかと推定されている。

すでに『万葉集』には三〇〇の歌が詠まれており、その一首は、八重咲きのアジサイを詠んでいる。「味狭藍、安治佐為」の字を使っている。また、平安の頃には庭植えがはじまり、江戸時代には、茶花にも使われている。

アジサイの語源は、『大言海』によると、「アヅ（集）サ（真）アイ（藍）の約転」とある。つまり、藍の集まった花という意味だという。いっぽう、アジサイに漢名の紫陽花の字を与えたのは、『倭名類聚鈔』が初めで、唐の詩人白楽天の詩から引用したらしいが、出所は怪しく、著者のあてずっぽうな推量によるといわれたりしている。漢名では別の植物らしい。

別名を「七変化」という。今にいう「七色仮面」である。梅雨前から梅雨明けまでの一か月を咲き続ける。咲き初めは淡い緑色だが、その後、白から青紫を経て桃紅色へと色変りする。これが楽しみの一つでもある。同じ品種でも、土地によって色が違うし、色変りしない品種もある。花言葉は、「移り気、あなたは冷たい」。節操堅からぬ人の心にたとえたり、また、縁起をかついで、めでたい宴席や衣裳の柄に使うのを嫌ったりもした。

この現象、花の細胞にあるアントシアン色素のからくりによるのだが、完全に解明されているとはいえないが、つぎのように考えられている。アントシアン色素は、鉄やアルミニウムが加わると青色になる。土壌を酸性にすると、土中にアルミニウム成分が溶出、吸収されるので着色を呈することになる。ナスのぬか漬けに、明ばんや鉄釘を入れると鮮やかな紫黒色になるのもこの原理である。

いっぽう、アントシアン色素は、酸性の液では赤色、中性やアルカリ性では青紫になる。花の細胞液は、咲きはじめてからしだいに酸性に傾くのが一般的で、その結果、花色は赤味を帯び、散る頃にはいっそう赤味を増す。

梅干し作りはこの原理で、梅から出た酸性の液に、シソのアントシアン色素が加わると赤く染まり、この液が梅に入って赤くなる。

この性質を利用して花色を変えるのも楽しみの一つ。冴えた色を出すには、青色は、有機物に硫酸アルミニウムか明ばんを土とよく混ぜて施す。桃紅色には、炭酸石灰か苦土石灰を入れるとよい。

近頃、鉢植えのアジサイが出回っている。西洋アジサイ、ハイドランジアとも呼ぶ。低い丈で、白、藤、青紫、ピンクなどの大柄の花を天上に向けて咲く。つつましい日本の紫陽花に比べ、華やかで陽気である。

この種は、日本→中国→欧州に渡って、異境の地で改良され、里帰りしてきたもので、「氏より育ち」の言葉通り、西洋の風土に染まって、花色は鮮明で迫力があり、アジサイ趣向を一変させた。

アジサイの学名を、「ハイドランジア・オタクサ」と呼ぶ。この「オタクサ」は、

アジサイ　梅雨前から梅雨明けまでの一か月を、淡い緑から白、青紫、桃紅色など色変わりしながら咲き続ける。別名「七変化」とも。

長崎出島に住んだドイツ人医師のシーボルトが、愛人だったお滝（楠本滝）さんを記念して命名したという。六年間オランダ商館付医者として在日した彼は、帰国して『日本植物誌』を著わして、その中でアジサイを紹介した。ＮＨＫドラマで、大村益次郎とともに維新の歴史に登場した「お稲」はその子で産科医である。

アジサイには、さまざまな人生の哀歓やドラマが秘められている。この学名もその一例だろう。土佐っ子の牧野富太郎博士の批判は手厳しい。「シーボルトはアジサイの和名を私に変更して、我が閨《ねや》で目じりを下げた女郎のお滝の名を之れに用いて、大いに花の神聖を瀆《けが》した」と。まことに辛らつである。

しとしとと降り続く長雨の中に、雨を含んで垂れ下がる花の姿は、侘びしくも幽玄であり、また、木洩れ日のさす木陰に、しっとりと咲くこの花には、陰湿な幻影が漂っているとみられやすい。泉鏡花の『紫陽花』も、氷売りの貧しい少年と深窓の貴婦人との出会いを、この花にたとえたのであろうか。

六甲山系にはアジサイが多い。梅雨空の下でも、ふと出会った時には心の安らぎを覚える。アジサイは神戸市や長崎市の市花である。

きり　桐

キリは五月雨の頃に咲く。毎年のことだが、明石公園のお堀端の石垣の上に、薄紫に花房を染めたキリの花が咲く。四方に伸びた枝の梢に円錐形に群がったこの花は、花一つは取り立てて美しいものではないが、遠望すると風格がある。

曇日の空のまぶしや桐の花　播水

古代中国では、キリ（梧桐＝アオギリ）は鳳凰《ほうおう》が住む霊木であった。キリに鳳凰、タケに虎、ボタンに唐獅子は決まり文句。鳳凰とは、聖王の再来を告げる瑞鳥《ずいちょう》で、キリに棲んでタケの実を食べると伝えられた。そのため、キリは一種尊敬の念で見られたもので、かつて天皇の朝服には、桐竹鳳凰の文様が用いられていた。

キリはまた、キクとともに皇室の紋章で、鎌倉時代に後鳥羽上皇が制定されたという。キクが正紋でキリは副紋。花の数によって、五七の桐、五三の桐と称し、皇室は前者。真中の花軸に七、両側には五つの花がつく。功績のあった臣下に朝廷から桐紋が下賜された。秀吉もその一人、五三の桐の太閤紋は有名。なお、桐紋は日本を代表する文様でパスポートの表紙はキク、地紋はキリのデザインになっていた。

いっぽう、キリ材は昔から重宝された。工作しやすく、木理と光沢も美しい。生長が早く木質素の蓄積が少ないため比重は〇・三と軽い。湿気を吸わず、熱に耐え、狂いがないなど材質は優れている。

タンス、下駄、桐箱、金庫の内張り、室内や家具の表装、鋸の柄、羽子板、浮子など用途は広い。さらに、桐炭《きりずみ》は絵画のデッサンや女性の眉墨、桐灰《きりばい》は懐炉灰に使う。加えて、妙なる調べを奏でる琴はキリ材で造る。女性が持つので軽いこと、材質均一で音響効果もよく、琴瑟《きんしつ》相和することになる。

琴は、広島県福山市が九割を生産。その原木は、岩手県の南部桐、福島県の会津桐が大部分。雪国の寒さの中で鍛えられた材は緻密で優良。南部地方は古くからの名産地。キリに関するわらべ唄も多い。「南部紫桐の花」は岩手県の県花である。

柳田国男の『遠野物語』に「五月に萱を刈りに行くとき、遠く望めば桐の花の咲き満ちたる山あり。あたかも紫の雲のたなびけるが如し。されども終に、そのあたりに近づくこと能はず」と書いている。野生のキリか否か定かではないが、大空に紫雲をたなびく眺めは、西方《さいほう》浄土を思わせるかのようでもある。

キリは東洋の原産だが、原産地については謎が多い。中国長江流域説、韓国竹島説、さらに日本でも、大分、宮崎などの山中に野生があるとか諸説紛紛。一般に日本には野生していないといわれるが、人跡未踏の山中のテンギリ（天然の桐）材は高価。昔から炭焼き窯の跡にキリを植える風習があったので山奥にもあるというのが柳田国男説。その上、一個の果実に数千の種子が詰っており、種子には翼があって遠くまで飛ぶので広範囲に分布する。

キリは植えて二、三年後に幹の根元から「台切り」して強い萌芽を育てる。『大和本草』に「此木切レバ早ク長ズ、故ニキリト言フ」とある。和名キリは、切れば早く生長する特性によるらしい。別に、「キリの訓は木理《きり》なり。木工目を愛翫して付したる訓なり」との説もある。

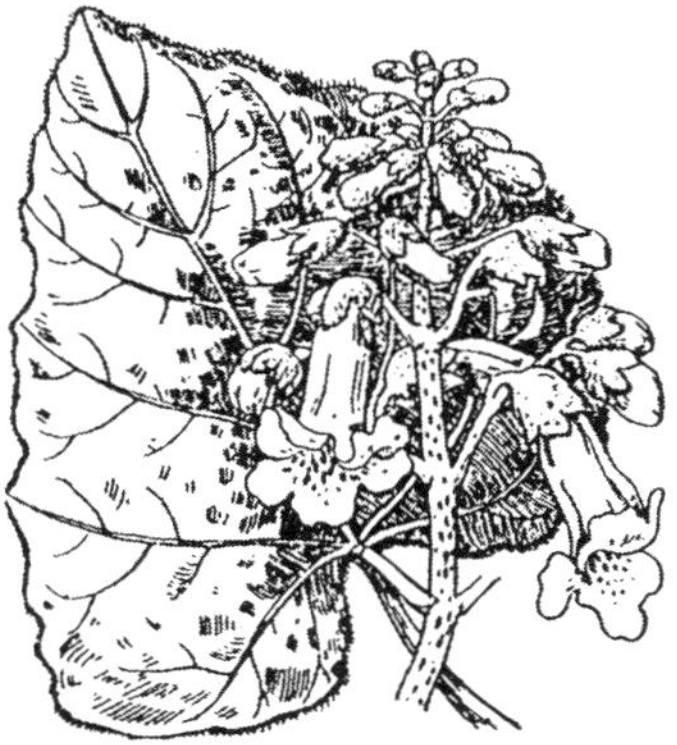

キリ　キリは材質が軽くて美しいので工芸品に用いられることで人に知られているが、花も豪華で見ごたえがある。

キリの栽培は各地にあった。畑や家敷周りにキリが立つ風景は懐かしい。植えて二〇年ぐらいで伐れるから、女子が生まれるとキリを植えて嫁入り道具にする風習は広くあった。キリの育ち具合で適齢期もわかる。暖地は天狗巣病に罹りやすいので東北、北関東、新潟などが産地。国内産だけでは需要の一割程度、中国、台湾、米国より輸入してまかなっている。

繁殖は分根による根伏せ法が普通。一五センチぐらいに切った根を植える。日当りを好む陽樹で、一夏に一メートル以上も伸びるから盆栽作りは無理。直幹は一〇メートル以上にもなり、葉は大形、葉の出る前に花が咲く。果実は一〇月頃に成熟する。

栽培されているキリには、キリのほか、タイワンギリ(花白で小さく材質劣る)、ココノエギリ(花淡黄色、中国のキリはこの種)、チョウセンギリ（朝鮮半島にて栽培）がある。キリはゴマノハグサ科キリ属だが、キリの名前のついた植物に梧桐《ごどう》（アオギリ）と油桐《あぶらぎり》があるが似て非なるものである。

梧桐はアオギリ科、中国ではこの種がまことのキリ。肌青く滑らか。夏に黄色の小花、種子は粉にして食べる。詩歌に多く、『万葉集』に、大伴旅人の歌の序に「梧桐の日本琴一面」は、キリの琴でよく知られる話。字面からはアオギリだが、普通のキリとも考えられる。

もう一つの油桐はトウダイグサ科、種子から桐油を搾《しぼ》る。荏桐《えぎり》、毒荏《どくえ》の別名があり、有毒植物で桐油のことを毒の油という。灯火用、合羽の防水用、印刷油、油絵具用など。

「桐一葉落ちて天下の秋を知る」は中国の故事。梧桐の葉一枚落ちるような些細な動きから、天下の大事を察するたとえをいうが、今では、衰亡の兆候を察するに使う。秋風の誘うまま、大きな葉を落していく姿は落葉樹の常態だが、なぜかキリの葉には悲しいロマンが秘められている。武将片桐且元《かたぎりかつもと》が、豊臣家の安泰を計ろうと手を尽したが果せず、無念やるかたなく大阪城を去る「桐一葉」も涙を誘う。

「花札」は江戸庶民が考案した花カルタで、季節の植物が配してある。旧暦で、一月松、二月梅、三月桜、四月藤、五月アヤメ、六月牡丹、七月萩、八月ススキ、九月楓、一〇月菊、一一月柳、一二月桐となっている。初夏の桐が一二月とは合点しかねるが、そこは江戸っ子の風流心、「ピンからキリ」としゃれたのであろう。

くちなし

山梔子

梅雨の季節。クチナシの芳香が鼻にくる。乾き切った日中よりも、小雨のそぼ降る宵闇に、しっとり濡れて漂ってくる香りのほうが心なしか濃艶に感じる。部屋に置くと匂いは強烈、それゆえにこそ、茶席にいけるのを極度に嫌う。

クチナシは古い時代から、庭園の観賞や生け垣、また染料や薬用にと生活の中にとり入れ親しんできた。初夏を告げる花木であり、常緑の低木。四季を通じて、いささかも色あせぬ葉の色艶は健康的で明るい。軟らかい青葉の枝先に、風車のような純白の花を開く。花そのものは、取り立てるほどのものではないが、花の白と葉の緑の対照が美しく、花が放つ豊満な香りは人々の心をゆさぶる。花言葉は、「清浄、純潔」。だがこの花、いたって命は短い。数日後には、黄褐色の醜い色に変って崩れてしまう。

クチナシ類は世界に三〇〇種。中国南部、台湾などの熱帯、亜熱帯に多い。日本にも、一種一変種が静岡以南の山地に自生する。一重と八重があり、葉にも、細葉、丸葉、斑入り、覆輪などがある。

園芸種もある。ガーデニアと称する八重は、日本産のヤエノクチナシがアメリカで改良されて里帰りしたものは、花が大きくオオヤエクチナシという。四季咲きの改良種もある。ヒメクチナシは中国産で、三〇センチ前後の矮性で、地面に這うように育つので、花壇の縁どりや鉢植え、盆栽などにする。

クチナシの学名は「ガーデニア・ジャスミノイデス」。ガーデニアは、アメリカの博物学者ガーデンを記念してつけた名。ジャスミノイデスは〝ジャスミンに似た香り〟の意。中国では〝香りのない花は心のない花〟とたとえるほど、花の香りを珍重する。クチナシは、梅、百合、菊、桂花、茉莉花、水仙とともに「七香」の中に数えている。

漢名は「梔子、山梔子、巵子、染梔子花、黄梔花」。果実の形が「巵」に似ていることから。「巵」は、酒を貯蔵する酒器の一種、「子」は果実のこと。

いっぽう、和名クチナシは、古くは久知奈之(志)と書いた。その由来は、果実が成熟しても口を開かぬことからという。『日本釈名』(一七〇〇)に、「木の実のから有て、其内に子をつつむものは熟して後必ず口を開く。くり、しい、ざくろ、つばきなど皆しかり。此者から有て、熟

クチナシ　梅雨の頃、どこからともなく芳香がただよってくるので探してみると、きまってクチナシの花である。果実は昔から黄色の染料に用いられた。

しても口ひらかず。故に名づく」とある。

以来、この説が一般化したようで、『大言海』にも、「口無ノ義、実、熟スレドモ開カズ」としている。そんなことから、クチナシは〝口無し〟で、「無言・沈黙」にたとえたりする。碁盤の脚は、クチナシの果実を象ったもので、「助言無用」を意味する。また〝きんとん〟をクチナシで黄色に染めた色を「いわぬ色」と洒落たりした。

クチナシに、センプクという別名がある。センプクは潜伏のことで、秋になっても頑として口を割らぬ、そのかたくなな姿に、暗い影がひそみ隠れているとみて、好意を示さぬ人もいたとか。

いっぽう〝口無し説〟に疑問をもつ学者もいる。口の無い果実はたくさんあり、クチナシに限ったものではない。むしろ、成熟果が裂開する〝口有り〟果実は、「ザクロ、アケビ、クリ、マユミ、マメ類」などと比較的少ない。として、別の意味を考えている。

前川文夫博士は、「日本では古い時代に実質的なまとまりのものを〝ミ〟といった。そんな基本的タイプにナシがある。ナシは柔らかい肉をもっていて、その中に堅い粒々がある状態をいう。クチナシの実もそんな性質で、そして果実の上に、くちばしのような角をつけているのでクチつきのナシであるからクチナシになった」という説。

花は二杯酢につけて食べる。近頃は、紅茶に浮かべたり、サラダに入れて芳香を楽しむ人も多い。中国では花茶の材料。香りは、人それぞれ感じ方が違うもの。西欧では、コサージュ、ブーケにバラ、ランの前はクチナシを使った。

果実を砕いた煎汁は黄色の食品着色料。煎汁で炊いた飯を「梔子飯」と称し重箱に詰める。きんとん、餅、おこわ、タクアンなどに無毒無害の植物染料として重宝されている。

上代人がまとった黄袍衣は「梔子染」。襲の色目の「くちなし」というのはこれで染めた色。『源氏物語』にも、「ひまひまよりほの見えたる薄鈍、山梔子の袖口など、なかなかなまめかしう、奥ゆかしう思ひやられ給ふ」とある。色相は、幾分赤味を帯びた黄、いわゆるカボチャ色。「黄丹」はベニバナと交染して染めたもの。

果実には、稜《りょう》と称する縦の線が六〜九稜ある。古書には稜の多い果実が上品で染色に用い、小果で稜の少ないものは薬用にしたとある。『大和本草』には、「薬ニ用ユルノハ山ニ自生ノ山梔子デ、庭木ノソレハ染色ニ用ユ」とある。別の書物には、「花麗ヲ重ジ身命ヲ軽ンズルコト、真ニ愚ノ甚哉」とし、身を装うに上品を選び、悪いのを薬にすることを嘆いている。『和漢三才図会』には「播州三木郡ニ出ル者良シ、和州、山州之次」と誌しており、薬用に特産地があったらしい。

欧米では八重が好まれて栽培されている。アメリカでは独立記念日に婦人が頭にかざして祝った。南太平洋のタヒチでは、今もこの花で髪を飾るという。また、ガールフレンドに贈る最初の花がクチナシであったし、洋画「旅情」の別れのフィナーレにもクチナシがあった。

けし　罌粟

ケシは〝禁断の花〟。未熟果の切り口から出る乳汁からアヘンを採りモルヒネを製する。ケシが悪名高いのもそのため。日本ではアヘン法、麻薬取締法で栽培は厳重に規制されており、許可された場所しか作れない。ケシの花は大きくみごとであるので、花に魅せられ隠れて庭先に植える人もいて関係者を困らせている。美しい花だけに残念である。

かつては大阪三島郡、和歌山有田郡地方はケシ栽培の一大産地であったが、現在は製薬原料としてのアヘンはインドから大量輸入しているのでケシ畑も微々たるものになり、今日では岡山英田郡の一地域が中心に残っている程度。

ケシの花は美しい。薄いしわしわの和紙で造ったお椀形の紙細工のような花が、長い花梗の先端に単生、赤、白、紫、絞りの花が初夏の薫風に微かに震える風情はまさに幻想的。ボタンのように美しい八重咲きをボタンゲシという。

ケシ科ケシ属は主に北半球温帯に約一〇〇種ある。そのうち、アヘン採取の薬用ケシは二種、観賞用に数種が植栽されている。栽培禁止のケシはヒナゲシやオニゲシ同様、野生化するので間違いやすい。両者の見分け方は、ケシは茎葉に全く毛がないこと。毛のあるものはすべてよし、というのが一番確実。その上、ケシの白粉を帯びた灰緑色の葉は、葉柄がなく茎を抱くようにつき、草丈も頑丈で一メートル前後である。ケシは最古の時代からの重要な栽培植物であるのに原種が見つかっていない。栽培の起源は地中海沿岸のヨーロッパまたは北アフリカと考えられており、古代ギリシアではすでに栽培があった。

ケシは英名ポピー、漢名罌子粟《おうしぞく》、罌粟《おうぞく》。和名に芥子をあてる。漢名の罌《おう》は、腹が大きく口のつぼんだ甕《かめ》のこと果実の形がいかにも甕に似て、中に粟のような種子を蔵していることからついた。また阿芙蓉の名もあるが、アヘンと関連のある名である。いっぽう、和名ケシに芥子をあてるが、芥子はカラシナのことで、『大言海』によると誤称という。日本では果実の形が米俵に似ることから、米罌花、米穀花、御米花といった別名をつけた。もう一つ「津軽」という呼び名がある。室町時代にポルトガル人が青森津軽地方に伝え、その後江戸時代に関西に普及するようになったので、アヘンのことを「津軽」と呼んだ。

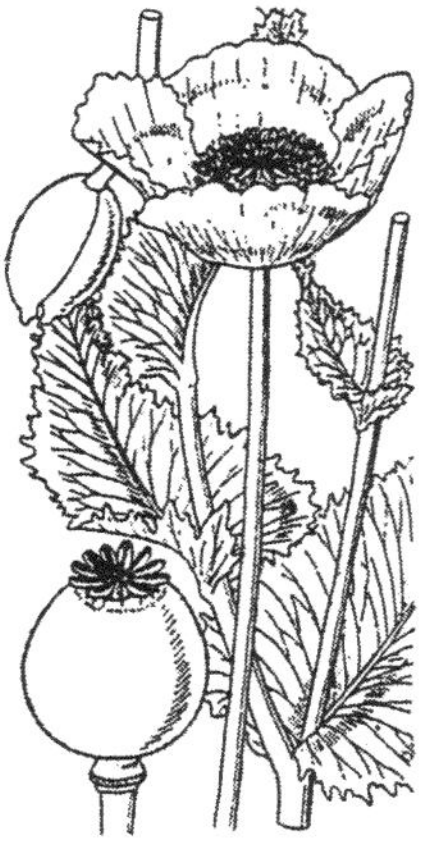

ケシ　薄いしわしわの紙細工のような、赤、白、紫の花が、初夏の薫風に微かに震える風情は幻想的。

花は二枚のガク片と大・小四枚の花弁で多数のおしべとめしべを囲み、ガク片は開花後早落。花弁が落ちると「ケシ坊主」になる。中央部の子房が発育してくると、子房上端についている菊花状の柱頭は、あたかも、子供の頭の毛を剃って、中央にだけ毛を残した「ケシ坊主」に似る。一名「スズシロ」ともいう。スズシロは大根で、大根の苗葉が展開しているようすを剃り残した髪に見たてたものだろう。ケシの学名は、パパウエル・ゾムニフェルム。パパウエルの「パパ」は古代ラテン名の「かゆ」のこと。ゾムニフェルムは「催眠の」ということ。ケシの乳汁に催眠作用があるため「かゆ」に混ぜて幼児を寝かしたという。転じて、父親をパパと呼ぶのはその名残り——とか。アメリカの俗語に父親をポピーと呼ぶことがあるらしい。

本来のケシに戻った呼び方をしており、日本流にいうと、お父さんは〝ケシさん〟ということになるだろう。西欧の伝説には、ケシの花が真っ赤なのは、キリストの血が降りかかったためといわれたり、ケシは「眠りと忘却の花」にたとえている。

ケシは種々の用途に利用された。古代ギリシアでも、中国、日本でもわかばを野菜として食べた。江戸時代の古書には、「冬春の間、苗葉わかきとき野菜として食すべし」とある。一方、種子も古くから食用にした。「ケシ粒ほど」と極小の代名詞に使うが、一グラム中に一〇〇〇粒以上もあり、白花穂の種子は白くて美しい。和菓子、アンパンの表面にまぶしてあるのはそれ。七味唐辛子の一味にも入っている。種子には毒性は全くない。さらには金平糖の芯はケシである。ケシを核にして、糖蜜をかぶせて丸くし、乾燥後熱を加えると糖が吹き出して角をつくる。懐かしい菓子である。かゆに入れて食べたりケシ油を搾る。

アヘンの採取は最も重要なもの。花弁が落ちて二週間ほどの未熟果に、縦に小さい傷をつけ、溢れ出た乳汁を掻き集め天日で乾燥したのがアヘンでこれからモルヒネを製す。

罌粟の毒乾きて黒くなりにけり　　播水

モルヒネは傷みを和らげ眠りという恵みを与えてくれる。しかしその反面、習慣性になると廃人同様になる恐ろしい毒物。歴史上有名なアヘン戦争（一八四〇〜一八四二）がある。清国はインドからのアヘン輸入をたびたび禁止するも不成功。英国は自由貿易を主張して両国は決裂。戦争で敗れた清国は香港を割譲、その上五港を開港、半植民地化のきっかけとなった。今日も人類を蝕む麻薬の恐怖は続いている。

ヒナゲシは園芸種の代表。陽春の光の中に鮮明な花が咲く。中近東原産でコムギ畑の雑草として分布を広げた。漢名は麗春花、虞美人草《ぐびじんそう》の名でも親しまれている。中国戦国時代、楚の項羽は漢の劉邦と五年にわたって天下を争った。四面楚歌のなか、愛妾虞美人は項羽の宝剣を柔肌に突き立てて自決。虞美人を憐れんで詠んだ「虞や虞や若《なんじ》をいかんせん」の一節は人々の心に残る。虞美人の血が滴った土の上に端麗な花が咲いた。その名を虞美人草と名付けたという。実際はヒナゲシが中国に渡来したのは一〇〇〇年後の唐時代であるから、後世に作られた伝説である。

漱石の『虞美人草』は、朝日新聞を飾った出世の第一作でもあった。

しょうぶ・はなしょうぶ

……菖蒲・花菖蒲

ショウブはサトイモ科、ハナショウブはアヤメ科に属する植物であるから、名前は似ていても全く別種の植物である。

古くは、ショウブをアヤメ、アヤメグサなどと呼び、ハナショウブをハナアヤメと呼んだりしていたので、アヤメ科のアヤメとの区別がまぎらわしくなってしまった。

加えて、江戸時代になって、本草学者が植物の和名に漢名をあてたが誤りも多いといわれており、ショウブはじつはセキショウであって、正しくは石菖であるといわれる。

さて、ショウブは池や低湿地に生え、葉には強い芳香がある。そして、この草の扁平な葉が文《あや》目《め》を織りなすように立つ姿をとらえて、アヤメ、アヤメグサと呼んだのだろうといわれている。

ショウブを破邪除疫に使う風習は平安朝の頃からあったようで、五月四日の夜に、ショウブを屋根の軒にはさんだりしている。『枕草子』には、ヨモギを添えてショウブを葺くことが見える。五月五日の端午の節句をショウブの節句といって、家々の軒にはショウブをさし、屋根に置いたり、ショウブ湯に入った記憶はまだ鮮明で、あの独特の香りに郷愁さえ覚える。

武士の時代になると、葉が剣に似て、かつ語呂が勝負に合うことから尚武の気風を養い、邪気を払う民俗行事としていろいろな風習があったようだが、現代では五月人形の飾り物に、ハナショウブや造花がとって代わるようになっている。かつて、ショウブにかけた尚武の気風はどのように語り継ぐのだろうか。先年「母の日」のカーネーションに対して、「父の日」の花にショウブがよいとするアンケート結果をみたが、それは「父権回復」を願ってのことだろうか。

つぎに、アヤメ科・アヤメ属の植物をアイリスの仲間ともいうが、世界には約一八〇種、そのうち日本には、七種五変種が自生している。なかでも、アヤメ、カキツバタ、ハナショウブは古くから人々に愛賞され、文人や墨客に親しまれてきた。

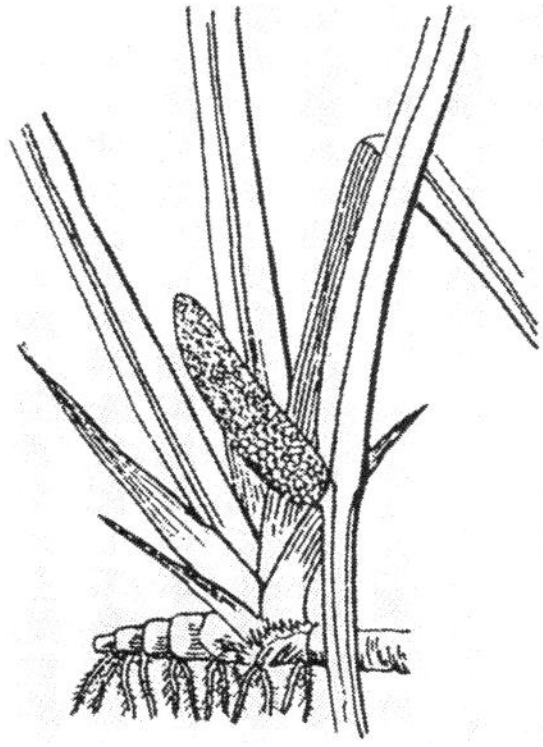

ショウブ　ショウブは尚武にかけて昔から端午の節句につきものの植物とされてきた。茎葉に独特な香りがある。

花は季節の使者である。五月の空にアヤメが咲き、カキツバタが咲き揃う頃は新緑の初夏である。紫を主調にした季節の花は、ひときわ鮮やかに映えている。やがて梅雨入りにあわせるようにしてハナショウブが咲く。小雨にぬれて咲く花の姿は、意外なほどあでやかで美しい。花言葉は「優雅」。「いずれがアヤメかカキツバタ」に、ハナショウブが加わると、三姉妹ほど似かよって、区別はさらにまぎらわしい。

アヤメは草丈が低く、外側の垂れ下がった花

ハナショウブ　美しく咲き乱れるハナショウラブは江戸時代の初めにノハナショウブから改良されたもの。

蓋の根もとに、淡い黄色地に紫色の網目模様があり、生育地は畑地である。カキツバタは葉、花も大きく草丈も高い。花蓋の中央に鮮やかな白い筋が通る。水湿地でないと育たない。

さて、水郷潮来の民謡に、「潮来出島のマコモの中にアヤメ咲くとはしおらしや」と唄われているアヤメは、カキツバタか、あるいは先に述べたようにショウブをアヤメといったのであろう。水湿地にはアヤメは育たないのである。

同じようなことが「花札」にもいわれている。五月の花札は、カキツバタと池の絵柄で、稲妻形の八つ橋が架けてある。八つ橋は観光のための遊歩橋でカキツバタにつき物だが、この花札を俗に、「アヤメと八つ橋」と呼んでいる。これも、カキツバタと八つ橋では語呂が合わないのである。

カキツバタに杜若や燕子花の字をあてるがこの字も誤りだという。さて、『万葉集』には七首があるが、「かきつばた衣に摺りつけ丈夫のきそひ猟する月は来にけり」の歌から、カキツバタの名前は、衣を染めるために、花汁を搔きつけた「搔きつけ花」に由来するという。

カキツバタは愛知県の県花で、知立市八橋は『伊勢物語』に在原業平《ありわらのなりひら》が、カキツバタの五文字を織り込んで詠んだ、「から衣きつつなれにし妻しあれば　はるばる来ぬる旅をしぞ思ふ」の古歌で著名であり、無量寿寺には由緒の碑文などがある。

ハナショウブは、葉がショウブに似て花が美しいことから名付けられたもので、日本最初の園芸書の『花壇綱目』に初めてこの名が出る。江戸時代に、日本各地に自生するノハナショウブから改良されたことにもよるのだろう。ハナショウブはアヤメの仲間では最も改良が進んだ種類で、四〇〇種以上の品種があり、ごく早生は六月初めから、遅いので七月半ばまで咲く。深く垂れ下がった外花蓋は雄大で魅惑を誘う。まさに日本的名花の一つである。

咲き切りて花びら広き菖蒲かな　播水

生育は畑でも水湿地でもよい。光のよく当るところならどこでも手軽に作れる。ハナショウブには、江戸系、肥後系、伊勢系の三系統がある。それぞれ改良がなされた土地から育まれた名品である。近年アメリカで改良された外国系を含め新種がつぎつぎ発表されており、さらに、明治中期に欧州から帰化したキショウブとの種間交雑にも成功したので、ハナショウブの将来が楽しみである。

江戸の堀切に、最初の観光ハナショウブ園ができたのは今からおよそ一八〇年前のことである。今日、観光とレジャーを求めて、各地のハナショウブ園を訪ねる観光客は多い。花は平和のバロメーターでもあり、うっとうしい梅雨空でも、花の世界は晴れやかである。

すいれん
睡蓮

かんかん照りの盛夏の池、水面一杯に広がる葉の間から抜け出たスイレンの花は見る人に涼感を誘う。スイレンの呼び名は、狭義では日本産ヒツジグサを指すが、一般的には園芸種全体を含めていう。

スイレン属は世界の温帯から熱帯に約四〇種自生、日本のヒツジグサもその一種。自生種を基に交配によって改良された園芸種は数百種以上もある。スイレンに「水蓮」の字を書く人がいるがそれはあて字。正しくは「睡蓮」。一日のうちに咲いては閉じ、眠っては開く幻想的な花という意味。英名は「ウォーター・リリー」、「ポンド・リリー」で、花にユリに似た匂いがあるからという。

ハスとスイレンは夏を彩る水生植物の代表。ハスは仏教文化とともに古く中国から渡来、寺院の堀に植えられ仏教的視覚によって位置づけられた花となった。スイレンはやや異国趣味的植物で、明治三〇年代以降欧米より導入され、生活様式の洋風化と相俟って普及してきた。近年、寺院のハスがスイレンに置きかわっている例が多い。先年訪ねた宇治平等院鳳凰堂尾廊横の池にもピンクに白の交ったスイレンが咲いていた。花を見る目も、その国の自然環境や歴史、文化の伝統などと深く関係する。

日本人が眺めてきた花、また眺めようとする花も時代とともに選択淘汰される。その意味で、仏教的雰囲気の中に違和感なく溶け合っているスイレンに、歴史の移ろいを見る思いがした。ハスはあまりにも仏教的ウエットな花であり過ぎるのだろうか。

さて園芸種は、温帯系の耐寒性スイレンと熱帯系の熱帯性スイレンの二群に大別される。さらに耐寒性スイレンには、大輪系と小輪系のヒメスイレンを含む。この種はアメリカを中心に改良が進められ、開花期長く、花色も豊富で鮮黄、白色のほか、鮮紅色で花芯黄、ローズ・ピンクで花芯橙黄色など大輪華麗な品種が多い。スイレンの中で最も小形のヒメスイレンは、日本のヒツジグサとメキシコ産の一種との交配から育成されたもの。花径五センチぐらいの小輪で黄色か桃紅花。全草小形のため二〇センチぐらいの水盤で十分楽しめる。耐寒性スイレンの花は昼咲きで水面に浮かんで咲くのが特徴。

いっぽう、熱帯性スイレンは、開花時刻

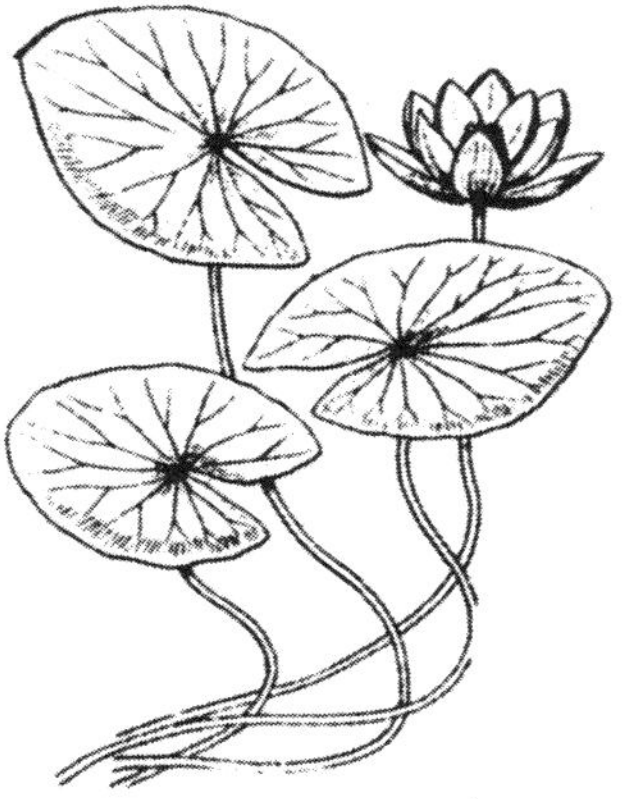

スイレン（ヒツジグサ） 日本自生の唯一の種。未（ひつじ）の時刻（午後２時）に咲くことからこの名がついた。

によって昼咲き系と夜咲き系に分ける。昼咲き系は朝七、八時頃から午後二、三時頃まで。夜咲き系は日暮れから翌朝まで咲く。戸外では摂氏一五度以下になると越冬は無理。温泉熱利用の熱帯植物園などで観光向きに栽培されており、温室では冬でも咲く。繁殖力旺盛で葉は競り合うようにして盛り上がる。葉は葉縁に鋸歯があり、花も大きく、水面に突き出るようにして咲くのが本種の特徴。花色は、耐寒性スイレンにない青紫色を含み多彩で美しい。

ヒツジグサは日本に自生する唯一の種で、日本各地の池沼にみられ、初夏から秋にかけ白色小花を水面に浮かべる。葉も薄手で優しく、花は清らかにつつましい。静まり返った森の奥の古い沼に密《ひそ》やかに咲くヒツジグサに出会ったりすると、美しさより何か畏怖の念すらいだく。若干の大自生地もあるようだが、改良種に比べ地味過ぎるのかあまり顧みられていない。スイレンの代表的十指に入るとまでいわれながら、わずかに山草家が栽培する程度である。ヒツジグサの名は未《ひつじ》の刻（午後二時）に開くことからついた名。

前述のように、スイレンの開花時刻は種類によってまちまちである。一日の中にはぼ定まった時刻に開いたり閉じたりすることは、不思議といえば不思議な現象である。日本には「花時計」という風流な表現法まであるが、しかし、同じ花でも天候や季節によって差があり、時計のようにはいかぬ。ヒツジグサが午後二時頃咲くといっても決まったものではない。以前に、この時間に「開くのか」、「閉じるのか」ということで議論になったことがある。明治の頃は、朝開いて未の刻に「閉じる」とされていた。『大和本草』に、「此花ヒツジノ時ヨリツ、ボム」の記述があり、この影響によるのではないかと考えられた。昭和三年に牧野富太郎博士が京都の巨椋《おぐら》池に早朝から夕方まで頑張って、この花は、正午から午後三時頃までに咲き、夕方五、六時頃閉じることを確かめられたというエピソードまである。

クロード・モネの「睡蓮」の絵は有名で、倉敷大原美術館にもある。フランスでスイレンの改良が進められていた頃、彼は自宅の庭に池を造りスイレンを植え、終日腰を下ろして変りゆく光の下にあるスイレンに情熱を傾けて描き続けたという。「睡蓮」の連作は多くの人の知るところである。

スイレンはエジプトの国花。ナイル川に咲く白や青のスイレンは、古代エジプトでは聖なる花であった。遺跡の壁画や彫刻に、建築や工芸のデザインにスイレンが多く、エジプト文化のシンボル的存在となっている。

学名の「ニンフェア」は、ギリシア神話の「水の精」に由来、スイレンは水の精の変身をみたようで、泥沼から出て艶やかな美しい花が咲くことから、不思議な妖精が宿っていると想像したのも無理からぬこと。怪談めいた民話や伝説は数多くあり、西欧ではこの花に特別な感情を懐いていた。花言葉は、「清浄、清純な心」。

花の平均寿命は数日。花が終ると花柄は曲って水中に潜り、成熟すると浮き袋の役目をする仮種皮に包まれて水面に浮上、やがて袋は腐って種子は水底に沈む。採種家は仮種皮にガーゼをかぶせておいて種を採るらしい。

苗は春に鉢植えして水槽に沈める。特に深水にならぬよう水の調節に留意することが大事である。

てっせん

鉄線花

テッセンはクレマチス類の一種であるが、園芸上のクレマチス類を総称してテッセンと呼ぶこともある。園芸でいうクレマチス類とは、原種のカザグルマ、テッセンおよびこれらの原種の交雑から成立した雑種系の園芸種を含めて総称している。いっぽう、狭義のクレマチスとは、雑種系の園芸種を指し、洋種クレマチスと呼んだり、洋種テッセンと呼んだりしている。

鉢植えのクレマチスを指して、ある人はテッセン、ある人はカザグルマと呼ぶなど、分別はまぎらわしい。それぞれに特徴とよさがあるが、花容や草姿が酷似するので呼び名もまちまち。世間一般では、クレマチスかテッセンの名で包括している。

植物学上のクレマチス類は、キンポウゲ科センニンソウ属の一群の植物で、世界の温帯地方には約二五〇種、日本には約二〇種がある。この仲間には、野生のままでも観賞価値のある植物が多く、日本では、カザグルマをはじめ、鐘状の花が下向きに咲くミヤマハンショウヅル、センニンソウなど山草家の関心を惹くものが多い。

中国にも多数の野生種があり、テッセンは日本でも馴染みの植物で、ラヌギノーサとともに西洋で改良された園芸種の祖先になっている。クレマチスの語源は、ギリシア語の「つる、巻きひげ」に由来するもので、そのほとんどが蔓性《つる》多年草である。

カザグルマやテッセンには、清楚で雅趣に富んだ原種の美しさがある。いっぽう、園芸種には、「華麗なる一族」のほめ言葉通り、花容、色彩とも多彩となっている。咲き切った端正な花、夏草のすがすがしい草姿、さわやかな風に揺れる風情など、いかにも日本人好みの花といえよう。

庭植え、鉢物、垣根やポール仕立てと、和風・洋風どちらにも格好がつく。「バラにつぐ第二の花」などと誇張したりもするが、とにかく昨今の人気は目覚ましい。園芸店には多彩な品種が出回っているし、愛好者も急増している。

さて、日本原産のカザグルマだが、これが野生植物かと驚くほど美しい。くるくる回る風車のような大きな花を空に向かって咲かす。その優美さに童謡的錯覚すら覚える。

花色は白と淡紫。花弁は八枚で、弁の中央にやや厚い筋がある。八重の変種もあり、白の八重をユキオコシ、淡紫をルリオコシという。なお、クレマチス類の花は、花弁がなく、がく片が花弁化したものである。

カザグルマの自生地はめっきり減ってしまった。静岡以西の県で、点在的に自生がある程度で絶滅寸前。保護が望まれている。奈良県大宇陀《おおうだ》町のムラサキバナカザグルマは国の天然記念物。兵庫県三田《さんだ》市のシロバナカザグルマも保存策が講じられている。「生きた化石」ともいわれたりするが、大切に保存したいものである。

静かで上品なこの花は、茶花や衣装の文様などに古くから愛用されている。また、欧州への導入はシーボルトが一八三一年に持ち帰り、テッセンとともに園芸種の改良に貢献した。

中国原産のテッセンも日本では古くから親しまれてきた花である。テッセンの名は、中国名の鉄線蓮から由来したもので、名前の通り、蔓は針金のように細くて堅い。花はカザグルマよりやや小さく、弁数は六枚と少ない。花色は白、淡紫、紫。雄ずいは多数で暗紫色。外側の雄ずいはへら状に変形して美しい。

八重もある。「白万重《しろまんえ》」は、弁も雄しべも白で、雄ずいは弁化して中央で重なる万重咲き。花もちもよく魅力的な花である。『花壇地錦抄』（一六九五）には、「鉄線、風車のるいなり。白、紫の二種あり。花落ちて中の芯のこり、せんようなり。宛《あたか》も菊のごとく、故に菊から草ともいうなり」と書いている。万重咲きを「菊から草」と称している。

テッセン　端正な花、すがすがしい草姿、清楚で雅趣に富んだ原種の美しさがある。いっぽう園芸種は、花容、色彩とも多彩。

江戸時代は想像以上にもてはやされたようで、カザグルマとともに、風炉の花はもとより、絵画や彫刻、衣装の文様、陶器の絵付、蒔絵、金具などのデザインと広く使われた。

テッセンの渡来には諸説がある。白井光太郎の『日本博物学年表』には「寛文元年（一六六一）鉄線花渡る」とある。江戸時代の園芸書の『花壇綱目』に「鉄仙花」が、『花譜』（一六九八）には「鉄線花」の名で出ており、すでに日本に渡来していたことがわかる。

寛永八年（一六三一）創建の妙心寺天球院の襖絵の図をめぐって、カザグルマかテッセンかの議論があり、テッセンとすれば前者より早くなる。もっと早く、室町時代の応仁・文明（一四六七～一四八七）頃に渡来しているという説もある。

いっぽう、雑種系の園芸種は、中国のテッセン、ラヌギノーサや日本のカザグルマが欧州に渡って、他の野生種と交雑して改良されたもので、現在のクレマチスはほとんどこれから育成されており、品種数も三〇〇種以上できている。

日本へは明治末頃に導入されたがそれほど普及しなかった。最近、新梢頂点挿しによる苗の大量生産が開発され急速に需要が伸びた。原種のカザグルマ、テッセンは一季咲きだが、園芸種は四季咲きが多い。花色も白、紫のほか青、紅、桃、複色系とさまざま、花径も大きくなり、上手に剪定《せんてい》すれば年二、三回咲く。

栽培には、石灰で酸性を中和する。強烈な直射日光、夏の暑さと乾燥が苦手。根は日陰、蔓は南向きに伸びる「頭温足寒」がよい。地植えには根茎をねかせて植えてやる。鉢植えにはネマトーダを防ぐため台上に置くのがよい。

なつつばき

夏椿

うっとうしい梅雨の季節にナツツバキが咲く。ツバキに似た白五弁の花は、取り立てて美しい花とはいえないが、清らかで枯淡の味があり、茶人が好む花である。

花は一日花。一日を咲き、一日で散っていくはかない花。雨の重みとともに、ポトリと落ちる。花の命は短く、それがこの花の定めであるだけに見る人の心に響く。

ツバキ科ナツツバキ属の植物で、日本の温帯の山中に清らかに、そっと咲く。ツバキに似て夏咲くところからナツツバキの名がついた。ツバキは常緑だがこの方は落葉。別名サルナメ、サルスベリの名もある。毎年樹皮がはげ落ち、滑らかな茶褐色になり、サルスベリ同様の樹肌になることからついた。

別に、ナツツバキのことを沙羅木《しゃらのき》、沙羅双樹《さらそうじゅ》、沙羅《さら》、シャラなどと呼ぶ。仏祖と縁深い聖樹として、特に天台宗の寺院の庭によく植えられ、サラノキなどの名で呼ばれている。

シャラノキはインド原産で、日本では育たない。インドではチークとならぶ有用材で、四〇メートルにも達する高木になり、サラ林帯を形成する。

ナツツバキ　この花をシャラ（沙羅）ノキまたはサラソウジュと呼んで仏教と関係あるようにいわれ、寺院などに植えられている。

『平家物語』のはじめにある「祇園精舎《ぎおんしょうじゃ》の鐘の声、諸行無常の響あり、沙羅双樹の花の色、盛者必衰の理をあらはす」という名文句にある、沙羅双樹とはシャラノキのことである。日本にあるのは本物でなく、ナツツバキがその代役を勤めているのである。

仏伝によると、釈尊入滅の折、東西南北四方に在ったシャラノキが悲しみのあまり、東西と南北それぞれが二樹つまり双樹となり、さらに淡黄色の花が、たちまち色に変るという奇跡が起った。白色に変ったシャラノキの花は、あたかも白鶴が舞い降りるようにつぎつぎ落花して釈尊を覆いかぶしてしまったと伝える。釈尊入滅を「鶴林《かくりん》に隠れる」とはこのことを指すらしい。

日本でいう沙羅双樹は、初めから白花であるナツツバキだが、青苔の台地の上に、日に日に落ちるこの花が、白鶴のようになって覆う姿は、あたかも釈尊入滅を想《おも》わすに十分といえよう。

美しく咲いてはかなく散っていくナツツバキは、日本人の無常観にピッタリの花でもある。平家一門が辿った運命の綾でもあるし、朝には紅顔あって、夕には白骨となる人間の実相を映し出している花とも受けとれる。

数ある花の中でも、随一の神韻と気品を誇るナツツバキが、本物の沙羅双樹でなかったとしても、そのことで信仰の聖域が犯されるとは誰も考えないだろう。

ナツツバキはそんな花木であり、日本庭園や茶庭には欠かせぬ木である。仲間にヒメシャラがある。花は小ぶりで、茶庭、盆栽仕立によく似合う。樹皮も赤褐色で美しい。

ねむのき　合歓木

夏の夕暮れどき、赤と白に染め分けた絹糸の束を、先端でパッと散らしたような優しい花が咲く。あたりかまわず、斜に広がった枝には、繊細な羽状複葉が対生していて、夜のとばりとともに合掌して眠りに入り、葉とすれ違うようにして夜に花が開く。

夜になると、対生している小葉が、ピタリと寄り添い、ひそかに生命の歓びを奏でていると見たてて、中国では、合歓、合歓木、合昏、夜合樹などと呼んだ。

夫婦和合、一家団らんなど、ほのかな愛慕の思いをこの木に託したのであろう。ネムノキを庭に植えると、怒りが鎮まり、心がなごむと信じた。

いっぽう、和名ネムノキも、小葉が夜閉じて眠ることから名付けられたもので、コウカ、コウカギは、漢名の合歓、合歓木からの転訛《てんか》である。

別名に、ネブ、ネム、ネブノキ、ゴウガ、ネブリノキなど。また、カアカアノキ、ヒグラシノキといった方言もある。カラスやヒグラシの鳴く頃に眠りにつく木という意味らしい。

さらに別の意味をこの木に寄せた。東北地方の「ねぶた祭り」がそれ。「眠ぶた」は「眠り」で、秋の収穫期を控えて、仕事の邪魔をする睡魔を退散させることに源をもった祭であるという。

ネムノキの枝葉で頭を撫でると早起になるとか、体をさすり、それを流す「眠り流し」などが各地にあった。農作業の精励を願う民間信仰であったのだろう。

「象潟《きさかた》や雨に西施が合歓花」は芭蕉の名吟。当時の象潟は天下の名勝地。雨に濡れるネムの花は、ひときわ艶やかで、絶世の美人の西施に見たてたのであろう。

ネムノキは、マメ科ネムノキ属で、中国、朝鮮半島、日本などに多い。マメ科の花といっても、似ても似つかぬ姿をしており、中国では「花中の異品」と称した。

ネムノキ　夜になると葉を閉じて小葉が対をなしてぴったりと寄り合うので和合のシンボルとされ、合歓の字があてられている。

その花、茎の先端に、壷状の小花が約二〇個ほどかたまってつく。小花には、小さい花弁が筒状になっており先は五裂に分かれている。その中から、絹糸状の柔らかい雄ずいが約二〇本前後伸び出てくる。総計で三〇〇～四〇〇本。筆の穂先を紅に染めたような格好である。英名は、シルク・フラワーとかシルク・ツリーと呼ぶ。

マメ科のため、やせ地でも育ち砂防

によい。水湿にも耐えるし、河岸の護岸に植えられたのか、そんなところでよく見かける。秋にはマメ科を象徴するようにサヤがぶら下がるが、子実は大豆ぐらい。

『万葉集』には「昼は咲き夜は恋い寝る合歓木《ねふ》の花、君のみ見めや戯好《わけ》さへに見よ」の歌がある。夜慕い合って閉じるネムの花を、私だけでなく、お前も見なさいの意。

花は、夜咲くのであって、夜に恋い寝るものではない。つまりは、〝恋は戯れ〟ということだろうか。

はす

蓮

ハスは極暑の頃に咲く。大小さまざまの葉が高く低く水面を覆う間から、すらりと抜け出た茎の頃に薄桃色のみずみずしい花をつける。朝露にぬれて咲く蓮池の花は目も覚める眺めである。ハスは泥中に育っても、その葉と花は、なにものにも染まらず清らかな姿を保つということから仏教のシンボルとされてきた。仏典には、極楽浄土には、七宝でできた池があり、池には車輪ほどの大きな蓮華が咲き乱れていると説かれており、ハスは極楽浄土を表徴する花だと信じられている。臨終にさいして手にとるハスの糸は、極楽への引導の糸であり、一蓮托生の教えになっている。

さて、ハスはスイレン科の水生植物で、これに二種がある。熱帯アジア原産の東洋種と北米原産のアメリカ種で、前者は日本を含め東アジアの各地にみられる種類で、花色は白と桃色である。一方のアメリカ種は、北米、南米に自生し、黄色でキバナバスと称している。

また、品種群を大別すると、観賞用の花蓮《はなばす》と食用蓮に分かれ、花蓮には、花型では、一重、半八重、八重が、花色では、白、紅、斑入り、黄などがある。このほか、著しく小さい茶碗蓮や一茎に二花をつける双頭蓮や数花以上をつける多頭蓮などの珍花もあり、妙蓮とも称して天然記念物に指定されたりしている。

いっぽう、食用蓮は地下茎の蓮根《れんこん》を食べる。歯切れがよく淡白で東洋人好みで極楽の風味があるという。わが国では古くから食用にしていたようで、『延喜式』(九二七)には、大和、河内から蓮根を宮中に納めた記録もみえる。江戸時代になると中国から入った唐蓮の栽培も盛んとなったようで、『農業全書』(一六九七)には、「近年唐蓮多し、日本の蓮よりは、よく栄え広がり花色々ありて」と述べている。いっぽう、蓮田などで本格的に栽培するようになったのは明治以降で中国から導入した品種である。水田利用の営利栽培は昭和の初め、ハウス栽培の普及は昭和三〇年頃からである。

ハスは古名を蜂巣《はちす》といった。ロート状をした花床に、二十数個の蓮の実が並んでいる状態が蜂の巣に似ることから由来しているという。海綿状をした花床の周囲を多数のおしべが取り囲んでいる。そして、花が開いたときには、すでに実を結んでいるようにさえ見える。花果同時の感を呈するのもこの花の魅力の一つである。それはあたかも、因果一如の世界を表現するかのようであり、自然の巧みな造形は、そのままがまた宗教の世界とみられたのであろう。

また、花芯には微妙な芳香が漂っている。中国では、蓮茶と称し、咲いた花に濃い茶を注いで花の香りを移して飲むという風流人もいる。中国ではハスは〝めでたい花〟であり、ハスの実を交換することは君子の交わりを約束することであったらしい。北京の中心部にある北海公園には大きな蓮池があり、それを象徴しているかのようである。ハスはまた貴重な薬用でもあったようで、実生活に利用されていた。実は保存食、蓮葉の煮汁で炊いた蓮めしは不老長寿に効くという。ハスの葉を荷葉《かよう》という。荷葉の上を渡って吹く風を荷風というが、作家の永井荷風の名前はこれに由来するものだろうか。

ハスは種子植物のなかでも古くから地球上に発生したといわれる。三〇〇〇万年前の化石からも種子が発見されている。日本でもハスの歴史は古く、約一二〇〇年前の『古事記』に出てくる。仏教渡来以前に咲いていたが、仏教に教化されてか〝あの世の花〟として、仏の花、往生花、仏国土への来迎花など〝めでたくない花〟としての印象が強くなってしまった。かつて、遠い昔は、宮中をはじめ愛好者による観蓮会が催され観賞の花として親しんでいたし、今も各地に観蓮会は続いている。

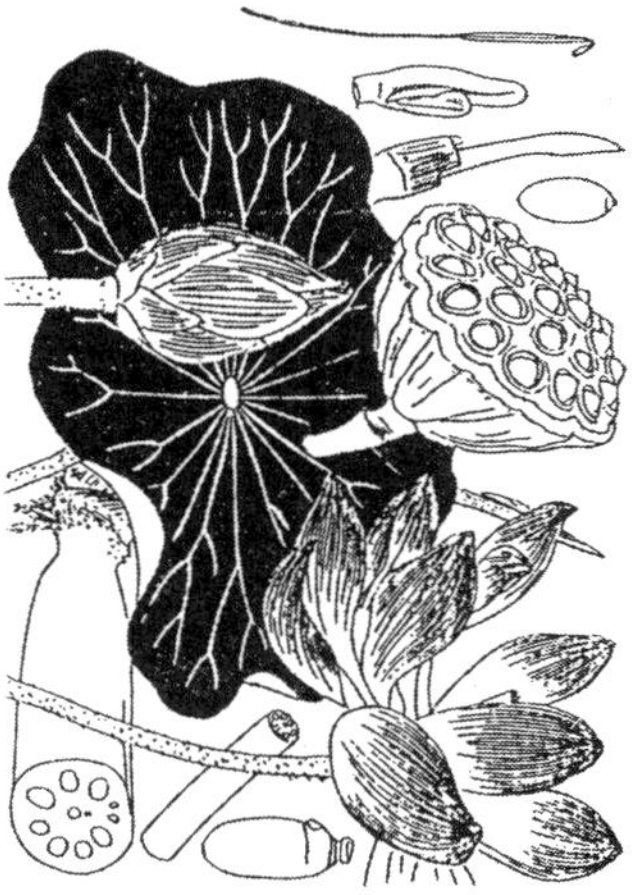

ハス　泥中に育っても、なにものにも染まらず、葉と花が清らかな姿を保つということから仏教のシンボルとされてきた。

ハスの研究で有名な大賀一郎博士が、昭和二六年に千葉県検見《けみ》川の泥炭地層から発掘した実を発芽させた。二〇〇〇年前の古代ハスの開花は、世紀の奇跡ともいわれており、ハスの生命力の強さと、日本への渡来の早かったことが証明された。千古の地底にあっても、なお生命の芽を断つことのなかった事実は驚異である。ハスの実を数珠にすれば功徳万倍というのもうべなるかなである。

ハスは夜明けとともに咲きはじめ、一日目は半開のままで閉じ、二日目は早朝に満開となり昼には閉じる。三日目は再度満開となり一部の花弁を落しはじめ、午後には合掌して、四日目で全部の花弁を落して花托だけになる。それは二〇〇〇年の眠りに比べると、あまりにもはかない花の命であった。花の命は短く、あまりにも短いが、これが花の定めというものであろう。

散る花に、もののあわれを感じとったり、花のうつろいに生命流転の悲しみと無常観を感得するという日本人の自然観は仏教思想によって洗練された。散る花の無常から人間のはかなさを語り、自然の秩序から永遠の生命や輪廻の思想を味わう心情が形成されていったといえる。泥中に埋まり、なお美しい花を開くハスの花に、〝あの世の花〟から〝この世の花〟へと新しいイメージを托してみたいと思う。

ひまわり　向日葵

ヒマワリは真夏のシンボル。地に立つ太い茎、粗野な葉、炎天に向かって咲く大輪のヒマワリは、まさに〝太陽の花〟にふさわしい。

かつて、フランスのルイ一四世は、ヒマワリを自分の紋章にして〝太陽王〟の権勢を誇示したものであった。ヒマワリは作りやすく、子供たちにも親しまれている花で、ヒマワリの絵といえば、ゴッホの名が出る。口絵や絵葉書など広く人々に親しまれており、見る人に強い印象を与えている。

ヒマワリの原産地はアメリカ中西部で、今でも野生のヒマワリが草原や耕地に雑草として生えている。野生種は、矮性の細い茎に多数の小枝を出し、その先に小さい花をつけているといったいっけんみすぼらしい姿をしている。これから現在のようなヒマワリが作られたのである。

野生植物から栽培植物への重要な変化の一つに、「利用部分の集中化」ということがある。ヒマワリがその典型的な例であって、茎頂の一花にすべてを集中して巨大化したもので、この現象を「ヒマワリ効果」とも呼んでいる。

この花は、じつは小花の集合したもので、周辺を飾っている小花を舌状花、その内側にびっしり詰っている小花を筒状花という。前者の舌状花は、おしべ・めしべの退化した中性花で種子ができない。単なる飾り物のようなもので、これがあたかも〝燃える太陽〟のコロナに似ることから〝太陽の花〟というようになったらしい。いっぽうの筒状花は両性があるので種子ができる。大きい花では一〇〇〇個以上もある。

最近は品種改良も進み、舌状花が多列になったり、その基部が黒い品種や舌状花が赤い品種もある。また、八重咲きの品種や切り花用の矮性種《わいせいしゅ》、四メートル近く伸びる高性種、さらに、一茎に数花をつける別種など多様になった。

観賞用のほか、食用や飼料用に栽培されている。なかでもロシアヒマワリは旧ソ連で改良されたもので、旧ソ連をはじめアルゼンチンや西欧などに広く栽培されている。日本の家庭でも多くみかけるもので、花径は四〇センチ前後、白と黒の縞のある種子には約二五パーセントの良質の脂肪油を含んでいる。

ヒマワリの仲間に三種があって、ヒメヒマワリと称する種類は、草丈一・五メートル、多花性で花壇植えや切り花に向く。シロタエヒマワリと称する種類は、全株に白毛があり、花は小さく秋咲きである。

ヒマワリに近い仲間にキクイモがある。花はキクのようで地下茎がふくらんで塊茎を作る。これを飼料に栽培したが戦時中には食べた人も多かった。あちこちで野生化しているキクイモを見ると戦時の食糧難時代が思い出される。

さて、ヒマワリが〝太陽を追って回る〟という信仰は洋の東西を問わず流布している。貝原益軒の『大和本草』には、「向日葵モ漢名也。国俗向日葵《ひゅうがあおい》トモ、日マハリトモイフ。日ニツキテメグル。花ヨカラズ最モ下品ナリ。タダ日ニツキテ回ルヲ賞スルノミ」と述べている。中国から向日葵の名で渡来し、中国での信仰をそのまま信じてしまったようだ。

やがてその信仰が破られる。「ヒマワリ日に回らず」と発表されたのが植物学の大先生の牧野富太郎博士である。一日中ヒマワリのそばに立って検証され、全くの誤りだと看破された。一時は大騒ぎとなったが、権威に弱い日本人のこと、その後はすんなり変心してしまった。

ヒマワリ　真夏のシンボル。地に立つ太い茎、粗野な葉、炎天に向かって咲く大輪は、まさに〝太陽の花〟にふさわしい。

「それでも地球は回る」といったのはコペルニクスだ「それでもヒマワリは回る」ことを確かめた研究者もいる。先人の言葉を盲信するだけでは科学の進歩はない。科学は疑うことから出発する。

植物には、向日性といって光に向かって屈曲する性がある。これは、茎の生長点部における微妙な変化によるもので、一般には、若い時代や伸長の早い植物ほど顕著である。ヒマワリは蕾の時代は、朝は東、昼は上、方は西に首を振る。回るとは首を傾けることだとすれば、ヒマワリは太陽に向かって回っているといえる。さらに研究者は、舌状花が開きはじめの頃でも、朝は東、夕方は西を向いていることがあり、これは蕾の時代に回っていた「くせ」が残っているのではないかと説明している。〝習い性となる〟という訓戒が植物にも通用するのかもしれない。

別の研究者は、先に述べたシロタエヒマワリについて観察した結果、花の時代に、花の付け根から約三センチ下のところで、一日に、一〇二度回転すると報告している。この種類は、花首も細いので敏感に影響を受けるのだろう。いずれにしても、太陽に向かって回るという信仰は全くでたらめでもないらしい。

さて、夕方西に傾いた首が、朝になると東を向いているということだが、一体夜の行動はどうなっているのだろうか。ヒマワリの「夜マワリ」に興味が注がれる。夏休みの一日を子供とともに観察するのも有意義なことだと思う。みずからの手と目で調べることが一番確かなものである。

なお、種子は二、三本群植する方がよくみのる。

びわ

枇杷

初冬の庭から甘い香りが漂ってくる。ビワの花が咲くと冬らしく感じるのである。一向に目立った花ではなく、小さい白の五弁の花が、淡褐色の綿毛に覆われて枝先に房状にかたまってついている。

枇杷の花大やうにして淋しけれ　虚子

冬に花が咲いて初夏に実るという果物も珍しい。厳寒期の寒害を防ぐため、花軸全面に毛が密生しているのである。

ビワの学名はエリオボトリア・ヤポニカで、エリオボトリアは「軟毛のある房」、ヤポニカは「日本産の」いう意味で、日本の植物として扱われている。

四国、九州の石灰岩地帯や、山口から福井に至る対馬暖流が洗う島々などに野生のビワがある。この種は、小玉で果肉薄く、種子が大きくて食用にはならぬ。

ビワ　目立った花ではなく、小さい白の五弁の花が、淡褐色の綿毛に覆われて枝先に房状にかたまってついている。

現在の食用種は、中国から渡来した唐ビワを親として改良された。天保・弘化の頃長崎に入ったビワを長崎県茂木村にまいたものから偶然に出た優良種が「茂木ビワ」である。

寒さにやや弱いが、早熟で甘く、果形は倒卵形、果皮厚く剥《む》きやすい。

いっぽう、明治一二年に、長崎でこの種を食べた当時の農学者田中芳男男爵が、東京本郷の自宅の庭にまいたものから出た優良種を「田中ビワ」と命名した。茂木種より大きく丸形、多汁だが、果肉が薄く、果皮が剥けにくく酸味強い。「西の茂木、東の田中」といわれるように両種がビワの代表種で、全生産の八〇パーセントを占めている。

野島早生《わせ》という種類は、淡路の津名郡野島村で、田中種の中から偶然に出たもので、やや小さく細長いが、早熟で甘い。関西の市場に一番早く出回るのはこれである。

ビワは、漢名枇杷の音読み。ヒワ、ビワと呼んだ。長崎では今もヒワと呼ぶ地方があるとか。果実が楽器の琵琶に似ることから出たとか、中国の古書には、葉の形が琵琶に似るとあるがあまり似てはいない。さらには、果実の色がヒワと呼ぶ小鳥の羽色に似るからついたなどと諸説紛紛。

昔から迷信の多い木として扱われてきた。屋敷内に植えると病人が絶えないといった話があった。ある種の植物を忌み嫌って植えないという話は以前耳にすることが多くあったが、なかでもビワが最も忌み嫌われていたようだ。

常緑で大木となるため、日当り、風通しを妨げ、梅雨の時期に熟すといった程度の理由から植えなかった。むしろ、北側に植えれば季節風が防げるし、西側では西日を避けてくれる効用もある。単なる迷信ということであって、庭木果樹として見直したい。低い仕立作りにして摘果、袋掛けといった管理ぐらいで栽培は容易。

乾燥した葉を薬用や浴場に使う。煎じて飲むと下痢に、風呂に入れるとアセモや湿疹に効果抜群。

みやこぐさ・みやこわすれ

都草・都忘れ

日当りのよい路傍や草地に、金色の錦を織りなすようにミヤコグサが咲き乱れている。初夏の日差しを受けて、優しく咲いていた姿が今も鮮明に浮かんでくる。

ミヤコグサとは誰が名付けたのか、なんともよい名前である。その昔、「京都大仏ノ前、耳塚ノ辺二多シ」（『大和本草』）と書かれており、京都大仏付近に多かったのでこの名がついたという。

宇陀の野に都草とはなつかしや　虚子

この草、都会地よりむしろ、野原、海岸付近に多いことから右の説に同意しかねるという人もいる。ミヤコグサの漢名は百脈根《ひゃくみゃくこん》という。その漢名が和名に転じたのだという。すなわち、ヒャクミャッコンのミャッコンに草をつけて、ミャッコングサ↓ミヤコグサになったという説である。また淀殿草という別名もある。悲劇の女性淀君が愛したことから出たという。「此草今大阪城内外ニアリ、昔淀殿此花ヲ愛シ給フヨシ、故ニ此名アリ」と伝えている。

西洋でも悲劇の女王クレオパトラが愛したという。ロマンチックのようだが、花言葉は「復しゅう」ということからすると、悲劇の女人の亡霊によるのかもしれない。

マメ科の多年草。茎は地に伏す状態、葉は羽状複葉レンゲソウに似る。花は黄金色の蝶形花で、エンドウに似る。別名のコガネバナ、コガネグサは花の色から。また、烏帽子草は花の形からついた名。

中国では牧草にするそうだが、それほど有用な植物ではなさそう。しかし、葉、花とも優しく愛らしいので栽培しても充分楽しめる。

いっぽう、ミヤコワスレはヨメナに似た園芸種。花は普通紫だが、白のピンクもある。原種は深山に野生しているのでミヤマヨメナとかノシュンギクの名がついいる。

ミヤコワスレ　文学的な名前がつけられて親しまれているが、正しくはミヤマヨメナ。この野草から改良されたものである。

こんな話がある(『四季の花事典』)。「朝廷が鎌倉幕府から政権をとりもどそうとした承久の乱で敗れ、乱の責任者である順徳院は、都から遠く離れた佐渡ヶ島に流された。都での優雅な生活に慣れていた院にとって、島生活はまことに淋しく悲しいもので、流刑二十余年、再び都に帰られることなく、仁治三年に配所で亡くなられた。生前の秋のある日、玉座にほど近い庭の隅に一輪のノギクがいとも優しく咲いていた。ほかになんの心を慰めるものとてない時であったので、院はすぐこの花に目をつけ、いたく気に入り、これをこよなく愛された。院は、この気品ある美しい花をご覧になりながら、今まで自分は都のことばかり恋しがっていたが、この花を見ていると心が慰められ、自然に都のことが忘れられると仰せられた。それ以来、島の人たちはこの花、すなわちミヤコヨメナを都忘れと呼ぶようになった」という話。

ゆり

百合

ユリは花暦では七月の花。灼熱の太陽の下で優雅に咲く。夏草茂る高原、ゆったりとそよ風に揺らぐユリの花は、まさに〝高原の聖女〟を偲ばせる。数ある夏の花のうちで最も印象の深い花。ユリはユリ科ユリ属の総称。北半球の温帯に分布、世界に約九五種、うち日本に約一五種が自生。日本はユリの宝庫、北海道から沖縄まで自生があり、しかも園芸的価値の高いものが多い。一球一茎で花は頂生、花弁は六枚、外側の三枚はやや小さい。花弁の先が反転するのも特徴。

花形や花の姿勢によって大きく四つの系統に分ける。ラッパ状の花が横向きに咲くテッポウユリ系は、テッポウユリ、オトメユリ、ササユリ、ウケユリなど。漏斗状の花が横向きに咲くヤマユリ系は、ヤマユリ、サクユリ。茶碗状の花が上向きに咲くスカシユリ系は、エゾスカシユリ、イワユリ、イワトユリ、ヒメユリなど。花弁が著しく反転、下向き、斜下向きに咲くカノコユリ系は、オニユリ、コオニユリ、スゲユリ、クルマユリなどが含まれる。

ユリは自生品でも美しいので自生のまま観賞に供した。

その上、種類によっては栽培困難なこともあって、「やはり野におけ山のユリ」で、そのため近代生産花卉《かき》としての改良や栽培の歴史は比較的浅い。自生種による改良はスカシユリが早く、江戸時代には一五〇種余りの品種があった。スカシユリは、北海道の海辺を飾るエゾスカシユリと日本海岸に咲くイワユリおよび太平洋岸に咲くイワトユリの交雑によって作出されたユリである。

古くは、ユリは観賞より食用植物として重宝された。俗にいう「ユリ根」は、ほろ苦さと自然の甘みが醸す上品な味わいは食用に最適。オニユリ、コオニユリ、エゾスカシユリは北海道が大生産地。ヤマユリ、ササユリ、ヒメユリもうまい。「鬼もあり姫もありユリの花」とか、「大江山今も生野の道の辺に姫ユリもあり鬼ユリもあり」といった俗話通り、鬼も姫もともに料理の材料になっている。

『万葉集』には一〇首が詠まれているが、本音は、花を賞でるのではなく、球根がネライではなかったのか。当然栽培の初めも食用が先で、庭や畑に植えたと思われる。戦国時代は城内にヤマユリ、オニユリを植え非常食に備えたという。近くは太平洋戦争の折も結構な代用食として盛んに掘られたのであった。

球根はまた薬物であった。西欧では僧院の薬草園に植えられた。中国では〝百合病〟、つまり身心の全体的機能減衰症は、ユリでないと治らぬ厄介な病気で、百合の語源もこれによるとの説まである。栄養補給のほか、去痰、利尿などの民間薬であった。いっぽう、奈良市率川《いさがわ》神社の「三枝祭《さえくさのまつり》」には、ササユリを無病息災のお守りとしている。

ユリに百合の字をあてたのは日本人らしい。りん片が数多く重なり合う状態を中国流に連想して百合の字をあてたという。中国ではオニユリを巻丹、ヒメユリを山丹と書く。ユリの名前については、『日本釈名』（貝原益軒）に、「百合、ゆすりといふ意。すを略す。茎高く花大にしてゆするなり。ゆするとは動くをいふ」とある。花の揺り動くさまから出たという。りん片が寄り集まった「寄り」からユリになったとする説もある。

ユリは西欧では最も古い花の一つ。聖母マリアの復活の折、純白のユリが咲き満ちていた。純白のマドンナ・リリーは、キリスト教の宗教儀式には欠かせぬ花で、純潔、清純のシンボルとなっている。現在ユリを国花にしている国は、世界最小の国バチカン市国がマドンナ・リリーを、永世中立国のリヒテンシュタイン公国がオレンジ・リリーである。フランスはかつて黄ユリを国花としていた。なお、ユリを準国花扱いにしている国に、イタリア、オーストリア、オランダ、ドイツなどがある。これらに比べ〝ユリ王国〟を自称する日本は、家紋にもなく〝忌《い》み花〟扱いしている。

ユリ　古くは、観賞より食用植物として重宝された。俗にいう「ユリ根」は、ほろ苦さと自然の甘みが醸す上品な味わいは食用に最適。

明治の初め、欧米に紹介されたテッポウユリは、たちまち注目を浴び、聖母マリアのマドンナ・リリーと入れ替っていく。美しいユリに鉄砲とはぶっそうな名前。天文一二年、ポルトガル人が鉄砲を伝えた種子島に自生するのに因んだものか。欧米では、ホワイト・トランペット・リリーと呼んでいる。鉄砲よりラッパの方が平和である。

沖永良部島《おきのえらぶ》はテッポウユリの世界一の生産地。栽培面積約三七〇ヘクタール、生産の七割は国内向けの切り花、三割は輸出球根の栽培。かつてユリ球根は、明治、大正期の主要輸出品目で、昭和の初め、約四〇〇〇万球が横浜港から欧米に輸出され外貨獲得のエースだった。とくにヤマユリは、山採り品が手軽とあって、日本の山々はくまなく掘り採られ、しだいに品質も悪くなっていった。なお神奈川県の県花は輸出港の因縁からヤマユリとなっている。

戦後アメリカでは、生長点培養によりウイルス汚染のないテッポウユリの大量増殖に成功、日本の王座を奪った。現在、王座奪回のため、国、県の試験場や民間育種家の研究努力が進められ、一部成果もあがっている　テッポウユリとタカサゴユリの交雑による「新テッポウユリ」は、実生一年以内に開花する品種である。同じく　民間人によるピンクのスカシユリ、東京都農試の育成になるサクユリとカノコユリの雑種など〝日本のユリを再び世界に〟の夢を懸けて新種の開発と大量生産が進められている。

クロユリ、ウバユリはユリに似ているがユリ属ではなく、ナルコユリ、アミガサユリもユリ属ではない。

じゃがいも

馬鈴薯

原産地は、南米アンデス高原。ペルーとボリビアの境にあるチチカカ湖(琵琶湖の約一二倍)周辺。原種はアク強く、イモは種族維持のため親株から約一メートルも離れてつく。栽培種は親株の根元につくよう改良されている。

この地は高度四〇〇〇メートルの高冷地のため、日中は二〇度近くあっても、夜は零下一〇度にもなる。

この温度差を活用して、彼らは「ドライ・フーズ」の技術を開発している。すなわち、夜は凍結、日中はブヨブヨとなり、これを数日繰り返した後、足で踏んで脱水、一週間位でコルク状の凍結乾燥ジャガイモができる。

人間の英知は、悠久の太古から開花していたのであって、アンデスに栄えたインカ文明は、トウモロコシとジャガイモの高度農耕文化に支えられていたのであった。

作物の伝播にはドラマがつきもの。西欧へは、インカ遠征のスペイン兵が持ち帰ったのが初め。しかし聖書に書いていないので栽培には反対が多くなかなか普及しなかった。

ジャガイモ　原産はアンデス高原、チチカカ湖周辺。「地中のリンゴ」とも称され、貧しい家庭の食事の基本であった。

フランスのルイ一六世は、国王の農場で栽培し、一計を策して、畑に囲いを作り立て札に、「国王に差し上げるので盗むと厳罰に処する」と書いた。これがまんまと成功、国中に広がったという。

「地中のリンゴ」とも称されたが、貧しい家庭の食事の基本であった。「ジャガイモを食べる人びと」（一八八五年）は、一九世紀最後のヒューマニスト画家ゴッホの作品。

弟の誕生日に贈ったその文章に、「僕は、ランプの下でジャガイモを食べている人たちは、その同じ手で土を掘ったのだということをはっきりさせたかったのだ」と。文明人は労働の原点から遠ざかっているということだろう。

慶長六年（一六〇一）オランダ船がインドネシアのジャワ島のジャカルタより長崎に入れた。ジャガタライモ→ジャガイモになった。

「馬鈴薯」の名は、幕末の本草学者小野蘭山が、馬の尻尾《しっぽ》に付ける鈴を連想して名付けたという。

「男爵イモ」は、北海道函館ドック社長の川田龍吉男爵が明治三九年アメリカより持ち帰った種イモを、川田農場で栽培。作男の成田惣次郎が改良し、男爵イモと命名。今も全国的に普及。

アメリカの天才的育種家ルーサー・バーバンクの「バーバンク・ポテト」は、小学校の国語教科書にもある。畑で見つけた一個の果実から、白っぽいイモができた。当時は赤皮で小さく保存できなかった。

ジャガイモは、トマト、ナス、ピーマンと同じナス科。ナス属でこれらとの連作はだめ。

種イモは切って植える。収穫のとき大抵種イモは腐っているが、種イモが元の姿のままなら、子イモはできていない。子に捧げた親の姿に感動を覚えることがある。

なす

茄子

茄子は、ナス、ナスビと読む。ナスビは、かつて宮中に仕えた女官が使った「女房言葉」だという。原産地はインド東部。中国を経て日本に渡来したのは一二〇〇年ほど前。従ってそれだけにナスとのかかわりは深いというわけ。

姿かたちも大小長短。丸型、細長と多種多様。各地に個性豊かな在来品種が栽培されている。煮ても焼いても、漬けても蒸していためても変幻自在に持ち味を出す。野菜の中でも、これほど用途の広いものはなく、万能野菜だ。

かす漬け、ぬか漬け、塩漬け、辛子漬けなど、何に漬けてもうまいが、とりわけ夏バテで食欲の冴えないとき、あの鮮やかなナス紺の浅漬けは不思議と食欲をそそる。

「色で迷わす浅漬け茄子」とはよくぞいったもの。容姿で迷わす女に例えてのことか。

ぬか漬けは日本の味。昔から、ぬか漬けは嫁の資格の一つで、香り高き主婦の勲章だった。ぬかみそ持参で嫁に行った時代もあった。大正は遠くになりにけり——か。

ぬか漬けは発酵による漬け物の傑作。発酵を促す好気性細菌は酸素が好物。そのため朝夕二回、ぬか床に手を突っ込んで掻き混ぜてやる。ぬかみその匂いが染みついた主婦を「糟糠《そうこう》の妻」といったが、それも昔語りか。

茄子にまつわる諺も多い。「秋茄子嫁に食わすな」。この解釈にも諸説ある。こんなうめーもの、嫁なんぞに食わせてたまるか、というのが〝嫁いびり説〟。他方、秋茄子はアクが強く、種が少ないので、体に悪く子宝に恵まれぬからという〝いたわり説〟もある。

「一富士二鷹三茄子」も難解。江戸時代の書物に、「駿河などの国の諺とは見えたり、その国の名物をいふにや」とあるらしい。『広辞苑』を見ると、「縁起の良い夢を順に並べていう語。駿河の国の諺で、一説に駿河の名物をいうとの説」と出ている。

ナス　煮ても焼いても、漬けても蒸してもいためても変幻自在に持ち味を出す、万能野菜。

駿河の国は今の静岡地方。富士山も、空飛ぶ鷹も高く飛ぶ。加えて当時の茄子は、初夢にあやかるほどの高値だったらしい。羽衣の松や三保の松原で有名な三保地方では、徳川初期に茄子の促成栽培が行われていたという。ただ、鷹は鳥なのか、もう一説には、富士山南中腹にある足鷹山を指すものだともいわれているようだが。

「瓜の蔓《つる》には茄子はならぬ」の諺は、育ちより氏。血統は争われないということの例え。また、「親の意見と茄子の花は百に一つのムダもない」の諺は、よく殺し文句に使われたものだったが、今は前者を含めてやや評価が落ちてしまった。

古い品種では、花は一花房に一個だが、現在の品種は、三つ四つも花を付け、一つを残してムダ花になるので諺通りにはいかない。孝行者は、百を千や万に取り替えていったようだ。

III 秋の花

あけび
いちじく
うめもどき
かき
からすうり
ぐみ
こすもす
さといも
せんだん
つゆくさ
なし
なんばんぎせる
はぎ
はげいとう
ひがんばな
むらさきしきぶ
りんどう
とうもろこし
みかん
りんご

あけび

通草

アケビは日本各地の山野に自生するアケビ科アケビ属のつる性落葉木。アケビは秋の風物誌だが、葉のみずみずしい夏の頃も、また、つるのからみ合う冬の眺めもよい。

果実は珍奇異様な楕円形。つやつやした光沢ある淡紫色に白粉を帯び、成熟すると果実はパックリと縦に裂け、半透明の寒天状の果肉、俗にワタと呼んでいるが、これに包まれるようにして黒い種が多数ある。味は甘ったるい独特の風味で、食べ馴れない人は種を吐き出すことに精一杯。アケビ好きの甘党は種などちっとも苦にならず、こよなく甘い甘露の味に舌鼓を打つ。

昔の農山村では、菓子代りの甘味料として欠かせぬものであった。古代には、無病延命の珍果として諸国から朝廷に献上されたという。アケビは有用植物の一つであった。

近年グルメブーム、懐古趣味の風潮から〝山の味〟の市場性が高まり、ハウス栽培の美しいアケビが都市の青果店に一足早く秋を演出している。また、天与の〝山の味〟を人工で造り出そうと多くの菓子匠らが挑戦しているようだが、未だ納得のいく味に達していないとのこと。

いっぽう、「種なしアケビ」を作出しようとする試みは戦前からあった。染色体数の構成が三倍体になると「種なし」植物になる。バナナ、パイナップル、ヒガンバナ、シャガなどは染色体数が三倍体となっているため種ができない。アケビの野心作は、「日本のバナナ」を作出することであった。戦後も研究者が手がけたようだが、個性が強過ぎるためか成功に至っていない。アケビ採りの楽しみはまだまだ続きそうである。

アケビの呼び名は、果実が割れて口を開ける「開け実」からついたとする説。また、果肉が出る「開け肉」とか、人が口を開けて「あくび」している姿からとか、果実の「赤実」などなど植物から受ける印象から転訛して命名した。別名も多く、アケビカズラ、アケビヅル、アケミ、ヤマヒメ（山姫）、サンジョ（山女）などがある。

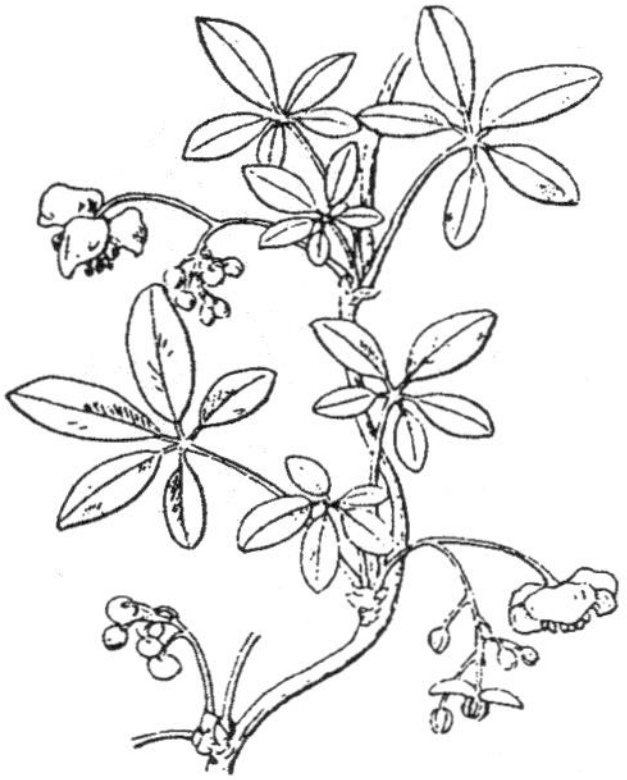

アケビ　アケビの名は果実が熟すると縦に大きく裂けて口をあけるところからでたという。

アケビと対照的に、口を開けないのがムベ（郁子）。アケビ科ムベ属の常緑つる性木。暖地性で関東以南に分布、葉は大きく常緑であるのでトキワアケビとも呼ぶ。

芽生え頃の葉は、小葉数は一枚だが、やがて、三枚、五枚、七枚の小葉の葉が出てくるので、七・五・三と縁起をかつぐ風習もある。果実はアケビよりやや小さいが甘味強く、昔は秋の果物として珍重された。熟してもアケビのようには裂けない。

アケビの漢名は「通草、木通」。つるの一方から息を吹き込むと、他方から空気が出る、という意味であるらしいが、実際は中空でないので空気は通らない。むしろ薬効から出たもので、乾燥したつるを煎じて飲むと、腎臓炎、膀胱炎、脚気、利尿、むくみなどに効能があり、〝通じる〟ことに由来するものらしい。

山菜料理として広く親しまれている。厚い果皮を焼いて味噌で食べる。また、果実の中に、ギンナン、キノコ、野菜や肉などを詰め、巻いて揚げ物、油いためにする。春の若芽は浸し物に。アケビ茶もある。京都鞍馬の〝木の芽漬け〟は、アケビの若芽にマタタビなどの葉を混ぜて塩漬けにした名物。いずれも〝山の味〟のある珍味料理。アケビに不思議な魅力を感じている人は今も多いようだ。

いっぽう、つるはアケビ細工の材料。これにはミツバアケビと称する種類のつるを使う。強いので薪を束ねたりする。皮をはいで籠を編む。長野県の郷土玩具の「鳩車」は有名。渓流釣りの魚籠や籠類など。

アケビに三種がある。小葉の枚数、形態で区別する。まず、アケビである。小葉は五枚、小葉のまわりは滑らか。花色は淡紫色。つぎはミツバアケビ。小葉は三枚、そのまわりには大きい鋸歯がある。この種は北方系で、東北、信州などに多い。俗に、農村（やや暖地の意）にはアケビが、山村にはミツバアケビが多いといわれた。花色は濃い紫色。果肉はアケビより甘く、山菜材料やアケビ細工に使う。

最後の一種はゴヨウアケビ。小葉はアケビと同じ五枚、しかし、まわりに鋸歯があるのが特徴。花色は暗紫色。この種は、アケビとミツバアケビの自然交雑によるといわれる。

アケビの花は四月から五月に咲く。雌花と雄花群が垂れ下がる。アケビは同一系統の花粉では結実しにくい性質がある。遺伝的な自家不和合性によるもので、実をつけるコツは、小葉三枚の株と五枚の株を混植することである。その上、相互に人工受粉をしてやればさらに確実。多く実がつけば摘果してやる。

花材としても年中使われる。独特の葉形、果実のおもしろさ、枯れ枝にからませる、春の芽吹き、花の眺めなどつる物素材として多く使われている。

アケビは野趣に富み、育てやすく、場所もとらず、鉢栽培でも簡単にできるので楽しむ人は多い。庭木の大木にからませると高く伸びるので実を採るのにひと苦労。剪定《せんてい》、摘心《てきしん》をすれば木はいくらでもコンパクトに仕立てられる。生け垣に這わせたり、アケビの棚作りなど風情がある。

植え付けは、春発芽直前のもの。山採りでもよし、園芸店にもある。実生では四、五年で結実する。園芸種には、花、果実が白色のシロバナアケビ、花、果実が緑色のアオアケビがある。一般につるからよく発根するので挿し木すればよい。実を採るためカリの比率の高い鶏糞、骨粉、油かすなど中心に与える。つるは陽光に向かって伸びるので、株元は日陰でもよい。花言葉は「才能」。

いちじく

無花果

家庭果樹としてなじみの深い果樹。欧州ではブドウとともに栽培の歴史は古い。〝禁断の実〟を食べたアダムとイブは、エデンの園から地上に追放されたとき、裸に気付いてイチジクの葉を綴って裳《もすそ》を作ったという話は有名。スカートの元祖はイチジクの葉。その〝禁断の実〟は、リンゴかアンズか、はたまたバナナか。しかしイチジクは、初期キリスト教徒の聖木で、聖書の中でしばしば取り上げられているといわれる。彫刻家が人の像を彫るとき、伝統的にイチジクの葉で前を覆う。

日本では、屋敷内にイチジクを植えると病人が出るなどの迷信がある。またイチジクを「無花果」と書くので、花がないと子供ができず家が断えてしまうといって忌《い》み嫌った。

原産地はアラビア南部か小アジア地域。現在は、地中海沿岸のポルトガル、イタリア、トルコ、スペイン、ギリシアに広く栽培。アメリカのカリフォルニアにも多い。これらの諸国は、乾イチジク、ジャム、シロップ漬、缶詰がほとんど。

クワ科イチジク属の落葉小高木。日本へは、寛永年間（一六二四〜四四）中国から長崎に渡来したのが在来種。その後、明治初期に西欧から何種類かが、またアメリカから明治四二年に桝井光次郎が導入した桝井ドーフィンも今日の主要品種。

無花果と書くが、袋状の実の中に小花がいっぱいある。食べる部分は小花をつける台（花托）が肥大したもの。中にある多数の小花は雌花だけ。受粉しなくても肥大する単為結果性。

イチジクの野生種は種子ができる。また栽培種でも種子ができるものがある。地中海沿岸地方には「イチジクアブ」と称する小昆虫が花粉を媒介する。日本にはこの虫がおらず、また雌木だけが導入されているので種子はできない。

イチジク 初秋の頃から、降霜の頃まで、赤い果肉をポッカリと開き、これをモズが狙う。

イチジクの呼び名について、古書に、「一熟」をあて、ひと月で熟する、いち早く熟する、毎日一個ずつ熟する、ということからついた名と述べているが真偽は不明。

いっぽう、漢名は無花果、別名に「映日果」（インジェクオ）の名があり、そのインジェクオは、ペルシア語のアンジールに由来し、日本のイチジクは、漢名のインジェクオから出た呼び名という説もある。

中国から入った在来種を唐柿と呼ぶ。懐かしいイチジクである。モズの高啼《たかなき》が始まる初秋の頃から、「モズの高啼七五日」の諺のある降霜《こうそう》の頃まで、赤い果肉をポッカリ開き、これをモズが狙う。

イチジクは年二回収穫できる。秋に熟する秋果と、夏に熟する夏果がある。昔から、葉を風呂に入れると神経痛に、白汁は痔やイボ取り、乾葉は緩下剤などの民間薬。実は多量の糖類、有機酸、タンパク消化酵素を含む。

うめもどき

梅擬

侘しい冬がかけ足でやってくる。木々の紅葉もすっかり散り果て、一段と冷え込んだ殺風景な庭に、ウメモドキのつぶらな紅い実がサンゴの如く美しい。

冬は木の実の美しい季節。花はなくても冬の寂しさを忘れさせてくれる。細い小枝に群がりつく果実と枝ぶりには雅味があり、いけ花の重要な花材でもある。

白い実をつけるシロミノウメモドキとの組合せは、「紅・白の梅」にも似て、おめでたいお正月飾りである。庭木、鉢植えはもとより、コショウバイ（小生梅、胡椒梅）と称する超小形の種類は小品盆栽向きとして愛培されている。

モチノキ科の暖地性落葉低木。本州以南のやや湿り気のある林内に自生。中国にもある。

雌木と雄木が別々で、雌木の花に実ができる。当然隣りに雄木がないと実はつかない。花は六月頃、葉腋に淡紫色の小花が群がって咲く。貧弱で目立たない。「ウメモドキ或人に花を問はれたり」の句もあるほどで、花を知る人は少ないが秋になるとがぜん真価を発揮する。

ウメモドキの名は、葉がウメの葉に似ることから出たという。

ウメモドキ　赤く色づいた実は落葉後も残り、寒さが増してくるといっそう美しく赤味が冴えてくる。

梅の木に見せびらかすや梅もどき　一茶

漢字では「梅擬、梅嫌木」。「もどき」とは、似て非なるもの。まがい物の意。「雁もどき」は雁の肉に似せたもの。漢名は「落霜紅」。この植物にふさわしい呼び名。緑色の果実が晩秋には紅く色づき、落葉後も枝いっぱいに残り、寒さが加わるといっそう鮮明に冴えてくる。霜を被った珠玉が朝日に照り輝く姿を彷彿させる。花言葉は「明朗」。

鵯《ひよどり》のうた来鳴くや梅もどき　蕪村

ヒヨドリの格好の餌。各地に運ばれて繁殖する。栽培するときは、果肉を水洗いして、湿った川砂と混ぜて冬越して春にまく。あるいは、三月か六月に雌木の枝を挿木する。この方が実をつけるのが確実。

果実が黄のキミノウメモドキ、白のシロミノウメモドキは珍しいというだけで美しさは劣る。また、ミヤマウメモドキは日本海側に、果実の大きいオオミウメモドキなどの品種もある。

ウメモドキの葉には表裏とも毛があるが、毛のないイヌウメモドキと称する変種がある。西日本に多く、市場ではウメモドキとこみで扱っている。本物より劣る。

植物の名前には「イヌ」のついたものが多くある。『広辞苑』を見ると、「ある語に冠して似て非なるもの、劣る意、または卑しめ軽んじる意を表わす。犬死、犬侍」とある。サンショウに対し香気の劣るイヌザンショウもその一つ。

つる性でウメモドキのような実をつけるツルウメモドキは別種。他物に巻きついて生育、花材に愛用され、漢名も「蔓落霜紅」。

かき

柿

カキは東洋的な果物で、季節感にもあふれている。枝いっぱいになったカキの実が、珠玉を散りばめたように輝く風景は、日本の秋の象徴ともいえるだろう。

「柿くへば鐘が鳴るなり法隆寺」の句は、やがて来る凋落の季節を告げるかのようである。すっかり葉を落したカキの木の梢に、熟れ切った赤い実が一つ残っている。これを木守柿（コモリガキ）という。この実は、やがて新しい生命に増殖するのだということを意味している。また、それは神への供え物であり、飢えをしのぐ小鳥たちへの温かい思いやりのあらわれでもあった。

カキの学名は、「ディオスピロス・カキ」という。ディオスピロスとは、「神々の食物」の意である。カキは世界共通の名前であって、世界を代表する果物といえる。

カキは中国の原産で、奈良時代に渡来したらしい。遣唐使として渡った柿本人麻呂の庭にも植えられていたのだろうか、真偽のほどは定かでない。

カキには甘柿と渋柿があって、寒地はすべて渋柿である。渋抜きには、古来からいろいろの方法があるが、風呂場に入れる方法はその代表で、近頃は、ビニール袋にドライアイスを入れる方法も行なわれている。

食べ過ぎると体が冷えるという。それは、血液のヘモグロビンの鉄と、カキのタンニンが結合して血液が減るためだといわれる。酒の酔いさましにカキが効くのもそのためというが、酒客のもてなしに心得ておきたいことだ。

日本の和菓子は、徳川時代にカキの甘さを基準にして決めたといわれており、それほど甘くないのもそのせいだろうか。カキには香りがなく、その上渋味があるのも特徴である。渋味は日本文化の特徴の一つといえるが、この言葉もカキに由来するのだろうか。

正月飾りの櫛柿《くしがき》も縁起物である。両端に二個ずつ、中央部には六個が並ぶ。「いつもニコニコなかムツまじく」という。商売人は「カキヨセル」といって縁起をかつぐ。

カキの昔話も懐かしい。焼き物に柿色を移すために心血を注いだ陶工柿右衛門の話は感動を呼ぶ。カキの皮を干して、漬物に入れると、柿色のうまいタクアンができる。庶民の才覚である。

サル・カニ合戦は、カキのタネとニギリメシから紛争になり、サル知恵もカニの忍耐と仇討ちで退治された。

カキ　枝いっぱいの実が、珠玉を散りばめたように輝く風景は、日本の秋の象徴ともいえる。

「桃栗三年、柿八年」の諺は、辛抱が大事だということを教えたものである。その昔、カキ泥棒はスリルに富んだ楽しい遊びだった。今は、電話で〝お宅の子が、カキを盗んでいる。悪い子です。ガチャン！〟。子供らは、万引へと変身せざるを得ないのである。

からすうり

烏瓜

朱紅色のカラスウリの大果が、冬枯れの裸木の梢に輝いて見える。果実は霜が深くなる頃にはひときわ色つやを増し霜枯れの野を彩る。都会地では滅多に見られなくなった風景で、寥々《りょうりょう》の風を受けて揺れ動くさまは寂寥感ひとしおである。

カラスウリは、日当りのよい藪や雑木林にからまって自生するウリ科のつる草。茎は細く、巻きひげがあって木々にまといつくようにして伸び上がる。〝伸び上がる〟といっても、ちょっとようすが変っていて、夏頃の茎は、普通に上向きに伸び上がるが、秋頃に伸びた茎は、向きを変えて下向きに伸びていく。したがって葉柄は一八〇度上向くことになり、地に触れると地中に潜ってイモを形成するという変り物。

根は太い塊状で多量の澱粉を含む。昔から救荒食品として広く知られ、澱粉からカラスウリ餅を作ったりする。漢方では、王瓜根、土瓜根と称し民間薬。赤ん坊の頃お世話になった天瓜《てんか》（花）粉は、果実が黄色のキカラスウリ種の塊根から作ったもの。現在は天然物はほとんどなく滑石で作られるようになった。しかし、粉の軽さ、吸湿性、ソフトな感じは天瓜粉に劣る。

花期は六〜七月、夕闇とともに純白のレース編みのような花が、まるで手品のように小さい蕾から繰り出してくる。花弁は五枚、弁先は無数の糸状に細裂、妖しいまでに美しい。夕方開いた花は、真夜中に咲きはじめの精彩を失い、朝にはしぼみ、昼頃には萎れる。雌雄異株《しゆういしゅ》で、雄花は数個が総状につき、雌花は葉腋に一個つく。夜の花であるから蛾の仲間が花粉媒介をするし、花の風情を知る人も少ない。

未熟果は緑色で白い縦縞があり、晩秋から初冬にかけて紅熟する。丹波地方の方言にキツネノマクラという呼び名がある。若果は味噌漬け、塩漬けにして食べる。また、ひび、あかぎれ、しもやけの特効薬。ぬるま湯に赤い実を入れ潰しながら手を浸す。北国では、子供らが集めてきた瓜を潰して土鍋に入れ、酒を入れて煮ておいた汁を、水仕事で荒れた母の手に塗ってやる。不思議なほどよく効く。

カラスウリの提灯遊びは、子供らの豊かな想像力のあらわれ。果肉と種子を全部ほじくり出すと、燃えるような小さい赤提灯ができる。いくつもついた赤提灯のつるを首にぶら下げて夕焼けを歌ったそんな昔が懐かしい。

カラスは黒色の代名詞なのに、赤い果実にカラスウリとはいささか異様ではある。『大言海』には、「ウリ熟すればカラス好みて食へば名とす」としているが、牧野富太郎博士は、「樹上に永く果実が赤く残るのをカラスが残したのであろうと見立てたか」として、前者と全く逆のようである。カラスも食べないし、他の鳥も見向きもしないのでいつまでもぶら下がっているというのである。

　いっぽう、カラスと関連づけるのは無理だとする説がある。中村浩博士は、『植物名の由来』の中で、カラスウリの名は「唐朱瓜」に由来するものであり、唐朱とは、「古く唐あたりから伝来した朱墨のこと」で、この朱墨は、辰砂と称する原鉱から製造するが、その原鉱は、緋色で大きいものは鶏卵大、小さいものはザクロの種子ぐらいとのことで、当時の人たちは、カラスウリの色や形が鶏卵大の原鉱に酷似していることから「唐朱瓜」の名を与えたのではないかと推論している。

　漢名に「栝楼、王瓜」の字をあてているがいずれも誤用で、栝楼はチョウセンカラスウリ、王瓜はオオスズメウリを指す。先に述べた天瓜粉を作るキカラスウリはチョウセンカラスウリの変種であることから「栝楼」の字をあてており、日本全土に分布、果実が黄色で、葉に毛がなく滑らかな点でカラスウリと区別できる。

　オオスズメウリは、中国東北部、シベリア東部、朝鮮半島、日本では長野県や福島県から報告されている。カラスウリ属は、アジア

カラスウリ　純白のレース編みのような花は美しいが、夜咲きなので人目にふれることも少ない。

キカラスウリ　果実が黄色に熟し、やや小さい。根茎がサツマイモ状に大きくなり、天瓜粉の原料になる。

東部と南部、インドおよびオーストラリアに分布、日本には数種が自生する。最近、ヘビウリと称する熱帯アジア産のものが鉢作りされている。果実がヘビのように細長いのでヘビウリの名がある。渡来は明治末である。

　各地にはいろいろの呼び名が残っており、『日本植物方言集』には約九〇種収録されている。また江戸期に出た方言集の『物類称呼』には、「栝楼、伊勢及び紀伊熊野辺にてウリネと云、越前にてクソウリと云、土佐にてクドウジと云、肥前にてゴウリと云」とある。

　いっぽう、タマズサ（玉章）の別名もある。『大和本草』に、「王瓜ノ実ハ文ヲムスベルニ似タリ故ニ玉ズサト云」とあり、玉章とは〝結び文〟のことで、カラスウリの種子の形が〝結び文〟に似ることに由来している。恋人の袖に〝結び文〟を投げ入れたこともない現代人には、玉章なんて言葉はとっくに忘却の彼方へいった。なんともゆかしい名前であるのに、カラスウリの花言葉は「男ぎらい」とは酷い。

　とにかく種子の形が面白い。カマキリの頭に似るとか、「奴《やっこ》」の姿や大黒天に見たててお守りとして財布に入れたりした。この仲間の分類には、種子の形質が重視されている。カラスウリのように、種子に縦の隆起が明瞭にある種類と、キカラスウリのように平滑な種子をもっている種類に分けられる。なお、カラスウリの種子も漢方薬である。

ウリ科で日本に野生するものに、スズメウリがある。

小形の果実をスズメの卵に見たてて名付けたのだろう。この名についても、スズメとは無関係で〝鈴女瓜〟からついたという説もある。かわいい実が垂れ下がった姿を表現したものだという。カラスウリもスズメウリもそれぞれ鳥との関係で名付けたものか、今となっては真偽不明といえよう。

ぐみ

茱萸

庭の茱萸《ぐみ》とる子なければたわわなる　富安風生

先日庭のビックリグミを食べた。渋味のある甘酸っぱい舌触りに、ふと子供の頃の郷愁がよみがえってきた。

昔はグミ、クワの実、アケビなどは喜んで食べたものだが、今の子供は見向きもしない。それが人間の進化の一つというのかは別として、音楽下手を音痴というなら、味の分らぬのを舌痴といってもよいだろう。グミは生活から離れつつある食べ物といえよう。

グミには、胡頽子、茱萸、木半夏といった字を書く。和名グミの意味は、「グイの実」の略で、「グイ」はトゲの意で、トゲの多い木の実ということから出た言葉。

グミは日本の特産種。約二〇種が丘陵や山野に自生している。大別して夏グミ、秋グミに分けるが、常緑性、落葉性およびつる性があって、春から秋まで、つぶらな赤い実をつける。

ナワシログミは、苗代を作る初夏の頃に成熟するのでこの名があり、花は秋から冬に咲く。日本の代表種で別名をハルグミ、グイミ、サツキグミ、タウエグミともいう。

ナツグミは、果実も大きく立派な庭先果樹。栽培品にトウグミ、ビックリグミがある。赤く熟した実が、たわわに垂れ下がっている姿はみごとな光景である。トウグミは唐からの渡来ではなく正真正銘の日本原産。両種とも、果樹として改良されていないのが残念だ。

アキグミは、秋の深まる頃、俵形の小さい実が赤熟する。山歩きの中での出会いは、なんとなくもの寂しい感じがする。六甲山にはグミの種類が多い。花崗岩の地質が合うのだろう。アリマグミの一種は、六甲山系の有馬で発見されたものである。

グミの実は、がく筒が肥厚した液質の果実で、食べると中に八稜の木質化した核があり、その中に種子がある。花は花弁がなく、がくの先が四裂になっており、淡黄色で芳香がある。

ナツグミ　夏型のグミの代表格で常緑葉が美しいので刈り込んで生け垣などにも利用される。

グミ類の根には、マメ科の根粒菌と同じく、放線菌の一種が寄生して空中窒素を固定するため、砂防や荒れ地の緑化植物として利用される。

いっぽう、葉、枝、果実の表面に独特の星状の銀灰色の斑紋がある。若葉のときは両面とも緑色だが、その後裏面は灰白色になってくる。果実がなくてもいっけんしてグミ類とわかる。

グミの材は淡黄色で粘りがあるため、農具や大工道具の柄にしたり、昔は炉《ろ》の上にかける自在鉤はナワシログミが使われた。

陰干しの葉を煎じて飲むと、下痢止め、咳き止めに効くといった。

熟果をしぼり、煮沸後冷やして砂糖とブドウ酒を加えて発酵させたのが「グミ酒」。タンニンを含むので生果を多食すると便秘する。

こすもす

秋桜

コスモスは平凡な花だが、日本の秋には欠かせない。澄み切った秋の空気の中で咲くコスモスは、日本の秋の象徴といえるだろう。

よわよわしい茎と繊細な葉の感触は花がなくても印象的な草花であるし、枝の頂端につく端正な花が、秋風に静かにゆれ動く風情は、やさしく、また秋のあわれすら感じとれるのである。

コスモスは地に立つたくましさはない。一夜の嵐ですっかり倒れ込む。倒れ込んだまま乱れ咲く、そんな姿が美しいのもコスモスの特権といえよう。個性の弱さが、かえって人びとの心を惹きつけるのであろう。

「心中をせんと泣けるや雨の日の白きコスモス紅きコスモス」は与謝野晶子の歌。心中はともかく、秋雨にぬれるコスモスの花に共感を覚えたのであろうか。

コスモスの和名はアキザクラ。春はサクラ、秋はコスモスが、日本人の感性にぴったり。やがて秋の到来をまって各地でコスモスが咲きそろう。短日植物の代表で、日が短くなる秋になると開花する。したがって、赤道直下のシンガポールなどでは咲かない。

コスモス　秋の花の代表。語源は、調和、秩序、美麗という意味で、美しい花の姿から名付けられた。

コスモスの原産地はメキシコの高原地帯。コロンブスのアメリカ大陸発見後に、メキシコからスペインに入り、マドリッドの植物園長のカバニレス神父がコスモスと命名したと伝えられている。

その語源は、調和、秩序、美麗という意味で、美しい花の姿から名付けられた。化粧品のコスメティックもこれに由来しており、さらに宇宙の意味もあって、アメリカのコスモス衛星は今も宇宙を飛び続けている。

日本へは、明治一二年に、上野美術学校の教師として赴任したイタリア人のラグーザ氏が種子を持参したという。明治末には全国に広がるというほどの早いスピードで普及し、今では、すっかり日本の風土になじんでしまった。

戦後、東京の焼跡にいち早く出現したのもコスモスであり、日本を代表する秋の花となった。

さて、近頃は早咲き系統のコスモスが栽培され、真夏にコスモスの花をみるようになった。この種はアメリカで改良されたもので、日長には関係なく、種をまいてから約二～三か月で咲くという種類である。どうやらコスモスにも季節感がうすれてきたように思うのだが、やっぱりコスモスだけは秋の花として親しみたいと思う。

コスモスは、どんなやせ地でも咲く。日当りと水はけがよければ道端でも埋立地でもよい。そして、こぼれ種で毎年咲くという生命力の強い植物である。

花いっぱい運動で村中にコスモスを咲かせている村があった。重く垂れた稲穂にコスモスの花が映えて、晩秋の空はいやが上にもすがすがしく晴れやかであった。

さといも　里芋

サトイモは今や斜陽野菜の感がある。戦前までは、もっと頻ぱんに顔を出したものだった。独特のぬめり、箸に突差して口に運ぶ。皮のついた子芋の衣被《きぬかつぎ》。大きなお椀に横たわっているサトイモなど懐かしい食卓風景は遠のいていくようだ。

日本人とサトイモのかかわりは古い。サトイモはイネが渡来する以前の縄文時代にはすでに日本人の基幹作物となっていた。

サトイモは貯蔵が困難で腐りやすいため、遺物として出土することがないので、縄文時代の証拠は残っていない。しかし、私達の生活文化の中にサトイモの姿が色濃く影を落している事実から推論すると、遠い昔は、米に匹敵する食べ物だったことがうかがえる。

さて、サトイモの原産地はインド東部からインドシナ半島で、日本へは、中国大陸から伝わり、縄文時代の畑作物として重要な位置を占めていた。

弥生時代になるとイネが渡来し、さらに、江戸時代にはサツマイモやジャガイモが渡来してくると、しだいにサトイモは主客の座を譲っていった。

食習慣は意外と古さを温存している。正月の御節《おせち》料理はその最たるもので、古いしきたりが今もみられる。正月の雑煮は晴れの食事だが、雑煮にサトイモを入れる風習は各地にみられ、ことに西日本に多い。

エビ芋を入れたり、ヤツガシラと称する大きい親芋を餅と一緒に食べた。親芋は子芋を生む繁殖のシンボルであり、また、頭《かしら》芋は、〝芋頭《かしら》でも頭は頭〟の言葉通り頭芋を食べて偉くなるという縁起をかついだ。

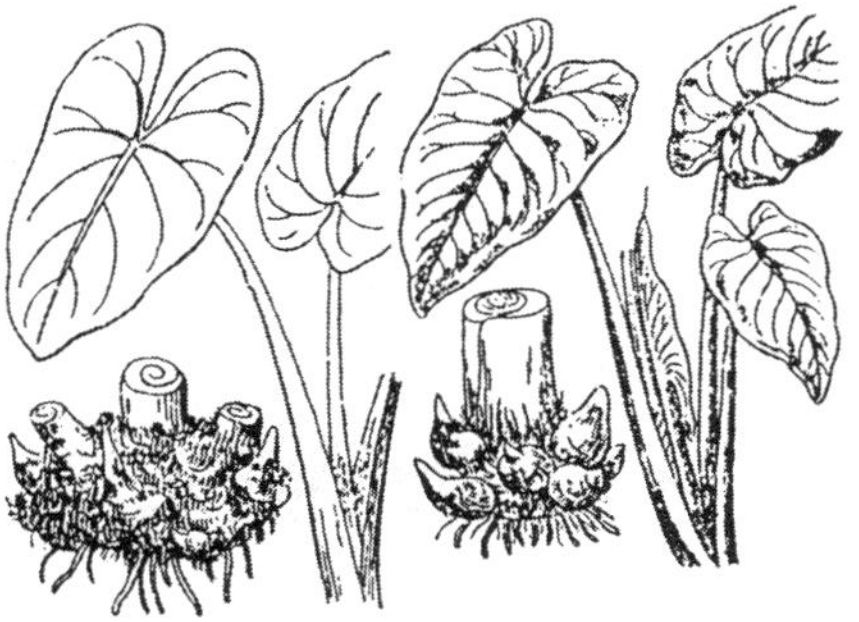

サトイモ　サトイモはすでに縄文時代から日本人の生活には欠かせない食料であった。その名残りがいろいろな行事の中に今も生きている。

また正月の床飾りに、鏡餅に並べて親芋と子芋を飾る地方もある。このように、過去の食生活が正月の儀礼作物として今も深く息づいているのである。

サトイモ文化を伝える民俗行事もいくつかある。京都の〝芋棒〟は、棒ダラとエビ芋を炊き込んだもので、京都人の舌に昔を懐古させてくれるようだ。また、京都の北野天満宮の〝ズイキ祭〟も有名である。ズイキとは、サトイモの葉柄で食べられる種類のもので、この葉柄で屋根を葺いて菅原道真公を祀るお祭りである。元来ズイキは保存食としての食べ物で、戦国時代にはズイキで畳を作って籠城の際の非常食にしたとも伝えられる。

東北の山形地方に伝わる〝芋煮会〟の行事は、河原で村人たちが行う野外パーティで、サトイモや干物を炊いて食べる楽しい集いである。

さらに、月にサトイモを供える〝芋名月〟や〝中秋の名月〟に衣被《きぬかつぎ》を食べる風習は今もわずかに残っている。日本人の命を支えていたサトイモの残像が、現在の生活文化の中に神聖な儀礼作物として影を留めていることにも注目しておきたい。

せんだん

梅檀

すっかり葉の落ちたセンダンの枝先に、象牙色に光る楕円形の果実が、長い果柄にぶら下がって揺れている。

センダン坊主、金鈴子の名があり、冬場ヒヨドリやツグミに食べられ、年を越したものは二、三月頃でもしわくちゃの状態で残っている。

村はずれにあった一本のセンダンに、クマゼミが鈴なりに止まって鳴いていたのでセミ採りの穴場にしていた。センダンとクマゼミが相性がよいことは後年になって知ったことである。ふるさとのセンダンは姿を消してしまったが、その思い出は今も心の中に残っている。

センダンは日本特産の落葉高木。四国、九州の暖地海岸沿いに自生が多い。また古くから人家などに栽植されたので自然分布域は明瞭でない。耐塩性、耐潮性が強く生長も速いので各地に県、国指定天然記念物級の巨木が多い。格好の緑陰樹となるため、街路樹に仕立てられたり、学校や神社、広い屋敷などに植えられ、かつては練兵場のまわりによく植えられていた。

センダンの古名はアフチ。転じてアウチ、オウチ、オオチなど。兵庫の瀬戸内地方は今もアフチの古名を使っている。葉の小葉が相打ち（互生）状に並ぶ羽状複葉から出た名前だという。アフチに、楝《れん》、樗《ちょ》の漢名をあてているが、楝は中国中・南部に産するセンダンの一変種で、和名トウセンダンのことで果実や小葉が大きい。

いっぽうの樗はニガキ科のシンジュにあてるのが正しいとされる。葉がウルシに似るところからニワウルシとも呼ばれ、葉を揉むと臭く、材として優れた用途もないが、良質の絹を作るシンジュ蚕の食草はこれである。

「樗櫟《ちょれき》の材」という言葉がある。シンジュやクヌギ（櫟）は材として役に立たぬ悪木の意味で、転じて無能な人間のたとえにいう言葉。しかし、クヌギは薪炭材としては第一級の良材であり、また明治の文芸評論家高山樗牛の号は、自己をへり下って使われたものである。

センダンは決して無用の材ではなく、観賞用の庭木や街路樹に植栽するほか、淡褐色の材は木《き》理《め》が美しいため室内造作や家具材に珍重される。古書に興味ある記述がある。「中華にてはセンダンを植う、嫁時の具になるという。桐を植うることを嫌う。其説相反す」とある。いっぽう、乾燥した果実を苦楝子と称し、腹痛や疝痛に用い、果肉はひび、あかぎれの薬。樹皮は苦楝皮と称し、回虫、条虫の虫下しの特効薬。薬効はトウセンダンがよいとのこと。

五、六月頃、淡紫色の上品な花が枝先に群がって咲く。遠くから眺めると紫雲たなびくかのごとく見えることから「雲見草」の雅名がついた。いつの頃からか、宮中で五月に用いる服の色は、この花の淡紫色に由来するらしいという。花は小さく特徴的で、五枚のがく片と五枚の白い花弁からなり、一〇本のおしべは合着して筒状で、これが淡紫色を呈し白い花弁と対照的である。

『万葉集』にはアフチの歌が四首ある。いずれも花の散るのを惜しむ歌で、愛する人に逢うに通じるアフチの花は、万葉人に相当愛されていたらしい。いっぽう、『枕草子』の「木の花は」の段に、「必ず五月五日にあふもをかし」とあり、平安の頃には五月五日の端午の節句には、ショウブやヨモギとともにアフチを軒などに挿す風習があったようだ。

愛する人にめぐり合う花であったり、節句に欠かせぬ季節の花であったのに、これとは全く正反対の、縁起の悪い不浄の木として嫌われる時代がやってくる。ことの次第は『平家物語』からで、源義朝や平宗盛、清宗父子など源氏平家お歴々の生首が、京都獄門前のセンダンの木に懸けられたとする話に由来している。罪人のさらし首を懸ける不吉の木として庭植えを嫌う風潮がしだいに広まっていく。『徒然草』第四十一段には、楝の木に登って競馬見物している僧が、居眠りして落ちそうになるのを、見物人が「なんという馬鹿者よ」とあざ笑っている。すでに凶木とみられていた。

センダン　センダンは日本特産の植物だが、暖地性の樹木なので東日本ではあまりみかけない。

さらし首との悪縁は確たる根拠はないようだが、生長が速いため刑場を覆い隠すために植えたとする説。また、血に穢れることを、血にあえる、あえ血、あふ血とアフチの語呂合わせからこの木を用いたとか、さらには香木の梅檀《せんだん》にひっかけて邪気を払う鎮魂の木としたなど諸説さまざま。

「梅檀は二葉より芳し」は古来より有名な諺。諺の梅檀はセンダンではない。センダンの葉は一向に芳しくないことは周知の通り。『大和本草』には、「楝和名アフチト云、近俗センダント云。梅檀ニハ非ズ」としている。梅檀はビャクダン科ビャクダンのことで、同名異木の代表例としてよく間違われている。

ビャクダンのサンスクリット語はチャンダナ。これが仏教とともに中国に渡来し、ツァンタン、ツェンタンとなり梅檀の字があてられる。いっぽう、センダンの材に少々香りがあって、これを香木の梅檀になぞらえて、「和の梅檀」と呼ばれるようになったのがそもそものあて違い。行司差違えとはいえ、同じ漢字でありながら、日本と中国で全く別の植物であることは、われわれの身のまわりに意外と多い。

ビャクダン(白檀)は、インド、マレー地方に生育する香木で、他の木に寄生する半寄生植物。わが国へは古くから渡来、仏像素材や薫香材に珍重。抹香もこの粉末が入っており、その香りは心を落ちつかせ、あらゆる煩悩を断ち切るものとされた。釈迦は、「自分の遺体は梅檀の薪で荼毘に付せよ」と遺言したとも伝えられる。インドでは火葬の薪にこれを加える習慣があるという。

つゆくさ　露草

朝露に濡れてツユクサが咲く。紺碧の秋空に瑠璃色を溶かしこんだような冴えた青色。早朝の冷気の中で見る花の色はなんと清冽なことか。少年の頃から、路傍に咲くツユクサには心ひかれるものがあったが、あの胸のすくような青色の思いは今も忘れられない。

露草の群落に来て空淡し　播水

ツユクサは身近な一年草。路傍や畑地の日陰や多湿のところに好んで生える。我が家の庭にも、いつの間にか住みついて、朝のひとときを楽しませてくれる。茎葉は軟弱そうだが、シンは強い。草抜きして放っておいても、一晩の夜露で容易に生き返る。繁殖力の強い草である。

葉は各節より互生、葉先はとがって、いっけんササの葉に似る。茎は地面をはうように広がり、先端部の茎はやや斜めに伸び上がる。分枝も盛んで、土に接した節から白い根を下ろして根付き、群生する。

花は夜明けとともに咲き、昼前には閉じるという薄命の半日花。徳富蘆花《とくとみろか》の『みみずのたはこと』には、「つゆ草を花と思ふは誤りである。あれは色に出た露の精である」とたたえた。ツユクサは露の化身ということだろう。そして、露にも似たはかない運命の花――。それはまた、日本人の感性にぴったりの花でもあった。

ツキクサ（鴨頭草、鴨跖草）はツユクサの古名。ツキクサは着草で、花を衣に摺ればよく染め着くという意味で、王朝の昔は、この花汁で衣を染めたことに由来する。古代染色は、花や葉を直接衣料や紙に摺りこむ〝じか染め〟であった。

ツユクサの花摺は、万葉歌人たちが慣れ親しんだ染色で『万葉集』には九首詠まれている。ツユクサで染めた淡い藍色を縹《はなだ》色と称した。「縹紙」はツユクサで染めた紙で、伊勢神宮に奉る宣命紙に用いられた。ハナダグサの別名は色から出た名である。

また、『大和本草』には「又和名ウツシ花トモ云、鈍色トハウツシバナニテ染ルヲ云」とある。花汁を衣や紙に移して染めることからウツシバナとも称した。鈍色とは濃いネズミ色で、昔の喪服はこの色であった。後に中国からアイが渡来し、もっぱら藍染に変わってしまう。藍色文化を担った時代のツユクサも、今では忘れられてしまった。

ツユクサは、名前の多い草である。『日本植物方言集』には一八五の方言が収録されている。方言は、文化遺産といってもよく、ツユクサとのかかわりの深さが読み取れる。その多くは、花の特性をみごとに表現している。アオバナ、アイバナ、ソメバナ、カキバナなどの系列は花染からだが、編笠状をした苞葉をボウシバナ、カマツカと呼んだり、花の形から、二枚の花弁をトンボの大目玉に、長い雄しべを細い足に見たててトンボグサと呼ぶなどその一例である。

もう一つ、月草という詩的な名前について触れておく。着草転じて月草となったのであろうが、その出典は、鎌倉中期の学僧の『仙覚抄』に「鴨跖草、月草と称す。月草は露草なり。萬の花は朝日影に二三咲くを、此花は月影に咲けば月草という」とあることによるらしい。しかし、実際は月影に咲くのではなく、朝の光を受けて咲くものである。

ツユクサ染は、光や水に弱く、うつろいやすい欠点がある。万葉の歌人らは、うつろいを恋になぞらえて詠んでいる。やがて、媒染剤を用いる紫染や発酵によって色素を変化させる藍染などの技術が中国から入って来ると、ツユクサ染はなくなった。

いっぽう、うつろいやすい特性を逆に利用して、友禅染や絞染の下絵を描く絵具に使う。滋賀県草津市近郊（旧山田村）では、古くからツユクサの変種であるオオボウシバナを栽培して染料を作っていた。この変種は、花はツユクサの三倍ぐらい、茎葉大きく、立性で壮大である。近年観賞用に栽培する人も多いためか、タキイ種苗で種子を売っている。

ツユクサ　花汁からとった染料は水に溶けやすく、これを利用して染色模様の下絵を描くのに用いられた。

七、八月が花摘みの最盛期、一家総出で早朝に摘む。伝統技法そのままに、桶に入れて圧板で搾る。その青汁を、天具帖紙《てんぐじょう》に刷毛《はけ》で何回も塗って乾燥したものを「青紙」または「青花紙」と呼んでいる。高価なものでこの紙を小さく切って、水に溶かして下絵を描く。下絵は水をくぐると簡単に消えるので好都合。昔は、岐阜提灯の下絵にも使ったし、この染料で青く染めたせんべいもあった。

ツユクサの花のつくりには特徴がある。花弁は三枚で、二枚は大きく貝殻状で青いが、一枚は小さく無色透明。また花には六本の雄しべがある。そのうち二本は長く他は短い。短い方は黄金色をしているが花粉を出さない飾り物で、昆虫を引き寄せる蜜標のようなもので、誘惑雄しべといわれたりしている。実際は、自家受粉で昆虫の世話にはならない。開花と同時に、二本の雄しべが曲がって伸び出し、柱頭に花粉をつけるのである。

花は、茎の上部の節から出る編笠状の苞葉の中に二、三個入っていて、一花ずつ苞葉の外に出て咲く。さて、ツユクサ属の学名をコムメリーナというが、この学名にはつぎのようなエピソードがある。

オランダに、コムメリンと称する三人の学者がいた。そのうちの二人は植物学上の業績を残しているのに、一人だけは目立った業績がない。そこで、この「第三の男」を引き立てる意味で、偉大な博物学者のリンネが一枚が目立たないツユクサの花にちなんで、コムメリーナと命名したと伝えられる。面白い着想である。

なし　梨

夏の盛り、秋の味覚といわれるナシが早くも店頭に並ぶ。しゃりっとした歯ざわり、たっぷりある水気と甘味は堪らなくうまい。

鳥取ではビニール栽培の二十世紀がお盆向けに出荷されている。〝秋の味覚〟は一昔前になりそう。

ナシには、日本ナシ、西洋ナシ、中国ナシの三種がある。日本ナシは歯ざわり、西洋ナシはねっとりとした舌ざわり。ざらざらした日本ナシを、サンドペア（砂梨）と呼んでいる。

西洋ナシも中国ナシも、収穫してから一週間以上追熟して食べる。溶けるような肉質、魅惑的な香り、上品な甘味など、民族の嗜好を背負った独特の風味がある。

日本ナシは野生のヤマナシから幾世代にわたって改良された文化財的存在。歴史も古い。『日本書紀』には、クリ、カブ、ナシの栽培が奨励されており、その後、カンキツ、ナツメ、カキ、クリ、ナシが五果と決められた。

江戸前期頃から栽培は増え、後期には一〇〇種以上の品種が現われ、〝水菓子〟の名で庶民の

ナシ　モモやサクラほどにははなやかではないがナシの花も清楚な純白色で美しい。

喉を潤したらしい。

ナシには、皮肌によって青梨系と赤梨系があり、「長十郎」は赤梨、「二十世紀」は青梨の総帥格。長十郎は、明治二六年神奈川県川崎市の当麻長十郎の園から、いっぽうの二十世紀は、明治三一年千葉県松戸市の松戸覚之助のゴミ捨て場から発見された突然変異。

明治末から大正までが長十郎時代。大正から昭和が二十世紀時代。近年、人為交雑育種による新品種の登場時代へと変遷しつつある。赤梨の三水（新水・幸水・豊水）もこれで、八月初めから出回る。

赤梨、青梨それぞれ長短がある。ナシの切り方は、皮は厚めにむき、芯は大きくくりぬく。ケチケチすると酸っぱい。「梨尻カキ頭」の諺があり、尻が一番甘いので縦に切ると甘味は公平になる。ナシは果実だけでなく花も楽しめる。ほんのり赤味を帯びた新葉の間から白い花がいっぱい見える姿は美しい。花を観賞するための家庭果樹で拙宅にも一本ある。

中国では、梨花、梨雪と呼び花を称えた。「梨花《りか》一枝《いっし》春《はる》帯レ雨《あめをおぶ》」は、唐の詩人白楽天の叙事詩。楊貴妃を失って悲しむ玄宗皇帝のため、雨に濡れるナシの花を楊貴妃に見たてて詠んだもの。

『枕草子』の「木の花は」の段に、「梨の花、世にすさまじくあやしきものにして、目に近く、はかなき文つけなどにせず。云々」とある。ナシの花は世間では興ざめで変なものだとして、すぐ見えるところに置いて、ちょっとした手紙をそれに結びつけなどさえもしない、と書いており、続いて、花びらの色つやを楊貴妃にたとえ、やはりとても素晴らしい花だと書いている。

ナシは鳥取県の県花である。呼び名を俗に、「有《あり》の実」という。ナシは、「無し」に通じることを嫌ってか。

なんばんぎせる

南蛮煙管

秋の深まる頃、日当りのよいススキの根元に、珍しい植物が見られる。ススキに寄生するナンバンギセルと称する植物である。

今日、ススキの原野が、開発で消えてしまったので、この植物も人目にふれることはめっきり少なくなってしまった。

一〇~二〇センチぐらいの赤褐色の茎が直立、その先端に、キセル（煙管）の雁首《がんくび》に似た紅紫色の花が横向きに咲く。葉緑素がなく、ススキに寄生して生活する。それにもかかわらず花はよく発達、果実には一〇万粒にもおよぶ細かい種子ができる。れっきとした高等（種子）植物である。

和名のナンバンギセルは、南蛮人が伝えたタバコの煙管に由来する。南蛮人とは、南方からきた異民族で、日本では、ポルトガル人やスペイン人を指して呼ぶ。

タバコは桃山時代に伝えられたというが、同時に入った煙管とよく似ているのでナンバンギセルと名付けたらしい。キセルの上に南蛮をつけるという演出はなかなかうまいもの。異文化に対して、理くつを越えて惹《ひ》かれていった日本人の心理状態が読みとれる。

もう一つ、古名「思い草」の呼び名がある。『万葉集』に、「道の辺の尾花が下の思ひ草　今さらになぞ物か念《おも》はむ」と詠まれた。思い草は今ではナンバンギセルを指すといわれている。首を垂れ、物思いにふけっているしおらしい姿に、思い草という雅やかな名前をつけた。この思い草には、ツユクサ説、リンドウ説、オミナエシ説などといろいろ議論もあったようだが、ナンバンギセルに落着いている。

尾花（ススキ）は陽性植物で、日当りのよい道ばたを好む。またナンバンギセルは、ススキの根に寄生する植物で、万葉歌人の自然観察の正確さがうかがえる。ススキのほか、ショウガ、サトウキビなどにも寄生、熱帯地方ではサトウキビ栽培に大きな被害を与えている。

万葉人が名付けた情趣豊かな思い草も、時代の風潮とともに変っていく。南蛮渡来以後、タバコの煙とともにその名は消え去ってしまった。世相の移りの中で、植物の名前が変った典型的な一例といえよう。

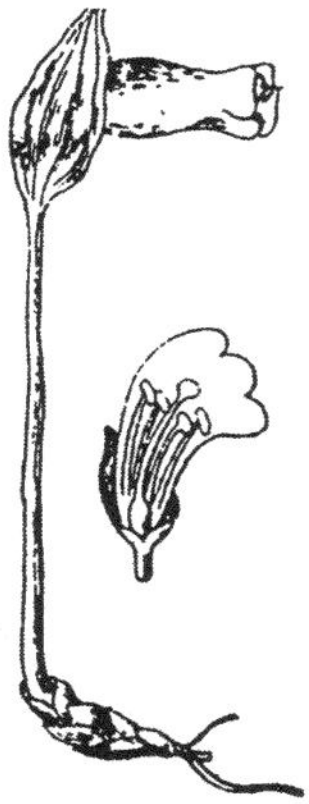

ナンバンギセル　江戸時代以前にはこの植物のことを「思い草」と言ったという。

ナンバンギセルの鉢栽培は意外と難しい。私も二、三度試みたが失敗の連続。鉢に自然を再現することは容易ではない。

ヤクシマススキの鉢植えに種子をまく。種子はきわめて小さいので取扱いに注意する。三月上~中旬頃、土を掘って新しい根を出し、この根に種子をすりつけて土をかぶせておくと、九月頃には茎が地上に伸びてくる。地際のところに数枚のりん片状の葉が互生するが全体に緑がないので他の植物のやっかいになっている。園芸は失敗することだというが、再度挑戦してみたい。

はぎ 萩

澄みきった秋空に、秋草がさわやかにゆれ、秋は日一日と深まっていく。

萩の花　尾花葛花　撫子の花
女郎花《おみなへし》　また藤袴《ふじばかま》　朝貌《あさがほ》の花　　山上憶良

万葉人の詠んだこの歌が、秋の七草として、今も日本人の心の中に息づいている。日本人の自然観は、花との調和においてみられたが、自然が遠ざかっていく今日では、劇的なほどの変わりようである。

七草のうちでも、フジバカマなどは知る人も少なく、身近に触れることもなくなってしまった。ハギは万葉の筆頭花。秋草の代表として、『万葉集』には一四一首が詠まれており、現代人にも親しまれている。ゆさゆさと風にゆれるハギ、咲きこぼれた花の姿までが好ましい。

ハギのよさは、なんとも寂しげなそのたたずまいであろう。迫力のないしなやかな枝、紅白に咲き分けた可憐な花、雨に打たれ、朝露にぬれるハギなど。

しら露もこぼさぬ萩のうねりかな　　芭蕉

月影にゆれ動くハギも、散り敷くこぼれハギの風情にも、人びとは心を向けた。侘び、さびの境地をこの花に求めようとしたのだろうか、禅寺や尼寺にハギの名所が多いのも故なしとしない。ハギは日本人の心の奥深くに入り込んだ花の一つだが、また、生活の中にも深いかかわりをもって登場する。

美術・工芸の上では、ハギを散りばめた蒔絵、螺鈿《らでん》や友禅染は高級な日本人好みの芸術である。庶民の遊びの一つである花札にある七月の図柄は、ハギとイノシシの傑作である。また、歌舞伎の先代萩は、東北に多いセンダイハギと伊達騒動を結びつけたのであろう。

いっぽう、ハギは実利性に富んだ植物でもあった。日常生活の上に役立つ植物である。まず、人工造林地や砂防用に植えると、マメ科のため山地が培養される。また、つぎつぎ萌え出る茎葉は刈り採って家畜の飼料にした。

ハギ　秋の七草の一つ。風にゆれ、咲きこぼれた花の姿までが好ましい。また実利性にも富む植物。

さらに、新芽は萩茶にして飲む。枝は束ねて萩箒《はぎぼうき》にしたり、小屋の屋根ふき、茶室の萩天井に利用した。また、花は萩染として白地を染めた。

そして、ハギの実も生活の糧にしたのである。小さいハギの、さやを蓄えておいて、粉にして粟と混ぜて餅にして食べた。貧しい山里の生活の知恵だ。今にいう「お萩」はここに由来しているのである。

秋風は涼しくなりぬ馬とめて
　いざ野に行かん萩が花見に　　大伴家持

眺める秋にも、さまざまの思いが去来したであろう。山野に、園庭に、風流を訪ねる人々は今も絶えていないが、人びとの脳裏から、とっくにこぼれ落ちてしまっていたハギの過去を、忘却の彼方から呼び戻してみる時、物言わぬハギからも歴史の鼓動が伝わってくるような思いがする。

はげいとう

葉鶏頭

紺碧の空に、燃えさかる炬火《きょか》のようなハゲイトウが道ゆく人の足をとどめさせる。

ハゲイトウの名は、葉の美しいケイトウ（鶏頭）のことで、古書には、「その葉、九月に鮮紅花の如し、これにより名づく」とある。

古くから親しまれてきた観葉植物であったが、近頃はめっきり減ってしまったようで、これに代って、ケイトウ、コリウスが多い。

雁来紅は漢名である。「雁の頃葉鮮紅、紅色花の如し」。この花の紅に染まる頃、雁が渡ってくるという。空を渡る雁、地に燃えるハゲイトウといった風物は今では見ることができない。

和名カマツカと呼ぶ。「雁を待ち紅く染まる」の言葉が縮まったものという。また一説には、葉の形が鎌に似るからともいう。

カマツカの名の初めは、『枕草子』で、「わざととりたてて、人めかすべきにもあらぬさまなれど、かまつかの花ろうたげなり。名ぞうたてげなる、かりのくるはなと文字にはかきたる」とある。

雁来紅をカマツカと呼んだ。『枕草子』にいうように、とりたてていうべき植物ではないが、しかし、なんとなく心ひかれる草花である。秋の紅葉が、人びとの心を深く打つのと同じように、生命の最後のともしびとして心に映ずるためだろうか。

『大和本草』（一七〇八）には、ハゲイトウを「老少年」の名であげている。中国での俗名で「還少年」の名もある。面白い名前である。

さて、学名をアマランサスというが、その意味は〝しおれない〟いつまでも葉が赤々と燃え、若い生命が躍動している草という意味である。

洋の東西を問わず、ハゲイトウは命の若返りを意味する草花であったようだ。花言葉は「不老不死」。

ハゲイトウ　洋の東西を問わず、命の若返りを意味する草花であったようだ。花言葉は「不老不死」。

園芸品としての改良はあまり進んでいない。頂部の葉が黄色に染まる雁来黄や紅、黄、緑色の三色カラー、また葉の細長いヤナギハゲイトウなどがある。

花は上部の葉腋につくが、目立ったものではなく、観賞価値は全くない。

茎は太く背丈ほどに伸びる。もの思わせる秋のたたずまいである。庭に群植しておくと、美しい姿を競い合い、秋空に映えて一段と美しい。

原産地は熱帯アジアのインド。そのため高温を好む。日当りの良い場所で作ると葉は美しい。移植を嫌うので直《じか》まきする。

五月頃にまくが、発芽には光を嫌うので充分に土をかけること。乾燥状態でよく育つ。窒素肥料が多過ぎると葉色が悪くなる。

平安時代に中国から入った。日本の風土によく適合して古くから親しまれてきた花だったが、今や古典的な植物扱いになってきた。

ひがんばな

彼岸花

お彼岸になると約束でもしてあったかのようにヒガンバナが咲く。あたかも季節を告げる暦のようである。

人里近くの土手や路傍に群がり咲くこの花は、地底から炎を吹き出したかのように真赤に燃えている。清明な秋空と対照的に魅惑的ではあるが、なんとなく妖気が漂っているようで、昔から忌み嫌われてきた花である。

不吉な花として忌み嫌う人もあれば、反対に芝生や庭に植えて楽しむといったように、好きと嫌いの区別が比較的はっきりと分かれている。概して、日本人はあまり好感をよせていなかったようだ。いっぽう、欧米では日本から球根を輸入して盛んに栽培しているらしい。

忌み嫌った最大の理由は、球根に毒性の強いリコリンと称する有毒物質を含み、誤って食べると下痢や嘔吐を催す。花茎には毒性は少なく、その上一種独特の不愉快な匂いがあるので、めったに口に入れたりはしない。有毒であるということから、人びとを遠ざける方便として、ドクバナ、テクサリ、シビレバナ、シタマガリなどの悪い名前をつけたのであろう。

ヒガンバナにはたくさんの方言や異名が残っている。『日本植物方言集』には全国で約四〇〇種類もの方言が記載されている。異名の数では筆頭の部類に入るのではないかと思う。そのうえ方言のなかには、妖しげな情念が投影されているかのような呼び名も多い。

墓地や葬式といった〝あの世〟にまつわる名前にその一端がうかがえる。ハカバナ、シビレバナ、ユウレイバナ、ゴショウバナ、ジゴクバナ、ソーシキバナといった呼び名がずらりとある。ヒガンバナは不思議と墓地に多いが、一説によると、ヒガンバナの有毒性を利用して、ネズミや害獣による死体毀損を防ぐため先人が植えたものだと解説する学者もいる。もし事実とすれば、ヒガンバナは〝墓守り〟の役目を果たしていたことになり、先の呼び名などはヒガンバナの花権が侵されているとさえ思えるのである。

楽しそうな名前もある。子供らは手が腐るなどといいながら、茎を折って数珠にして首飾りにしたり、花チョウチンを作って遊んだものだ。ジュズバナ、ケサカケ、キツネノチョウチンなどは子供らの遊びの中から作られたものだろう。

忌み嫌うもう一つの理由は、花の時期に葉がないことと、花が咲いても種ができないということにあるらしい。葉は親であるのに、花の咲く時に葉がないのは〝捨子〟であり、また、種ができないのは子孫が絶えるということで、両方とも縁起が悪いといったあんばいである。

たいていの植物では、花時に葉があるものだが、ヒガンバナでは、花が枯れてから葉が出る。冬のわずかな光を利用して精一杯の同化作用をして、球根に養分を蓄えて春の終りには枯れる。

ハミズハナミズの呼び名は、この花の生態を的確に表現したものである。

いっぽう、種ができないのは遺伝的原因によるもので〝嫁して三年子無きは去る〟といった封建的な家の観念を、ヒガンバナにまで援用して忌避してきた。種ができないため、〝変り物〟ができない。全国同じ花で、遺伝的組成も同じだから、気象条件を反映してお彼岸ごろになるといっせいに咲き出すのである。

そのため品種改良はきわめて困難である。中国には種のできる原種があるらしい。逆に球根の繁殖力は旺盛であるから、土手や溝の補強や土止めになる。

「赤い花なら曼珠沙華　オランダ屋敷に雨が降る」の流行歌謡は、ヒガンバナにエキゾチックなイメージを与えた。曼《まん》珠《じゅ》沙《しゃ》華《げ》は梵語では、〝赤い華〟の意で、天上に咲く華であるが、インドにはヒガンバナがないので多分別種の植物だろう。いずれにしてもヒガンバナは、地獄と極楽の両極をゆれ動く宿命の花のように思えるのである。

ヒガンバナ　人里近くの土手や路傍に、地底から炎を吹き出したかのように真赤に咲く。清明な秋空に映えて魅惑的。

燃えたぎる真紅の花は、万葉人のこころを惹きつけたに違いない。『万葉集』にある、壱師（イチシ）の花をめぐっていろいろと取沙汰されてきたが、壱師はヒガンバナだとする説が有力である。

ヒガンバナは中国原産で、有史以前にわが国に渡来した史前帰化植物で、太古の人たちは球根を水で何回も晒して、毒抜きして食べたらしい。今次の大戦中でも食べた人がいる。つまり、飢きんの際の救荒植物であったようだ。

いっぽう、漢方では石蒜（セキサン）と称し、磨り潰した球根を、はれもの、むくみ、打ち身などの患部に貼っておくと卓効があるという。民間療法としても今も珍重する人は多い。毒を以って毒を制すのたとえ通り、毒も薬として貢献しているのである。

ヒガンバナの仲間には、シロバナヒガンバナ、ナツズイセン、キツネノカミソリおよびショウキランの四種が各地に自生している。これらは欧米に渡って改良がなされ、リコリスと改名して里帰りしているが、ひとりヒガンバナだけは、頑として改良を拒み続けているかのようである。

むらさきしきぶ

紫式部

秋から冬にかけて、上品なムラサキシキブの実が庭に彩りを添える。裸の枝に宝石を散りばめたような濃い艶やかな紫は、やわらかい光に映えてひときわ美しい。

その実の美しさに魅せられた風流人か粋人が、王朝の才媛紫式部の名を借りて美化したのがその名前。覚えやすい文学的名前であり、高貴な魅力に誘い込まれそう。

人名を借りた植物名はそう多くはないが、たとえば、テイカカズラは鎌倉時代の歌人藤原定家の名を、クマガイソウは熊谷直実が背負っていた母衣《ほろ》（鎧の背に負い流れ矢を防ぐ具）に見たてた名。アツモリソウは前者に対立して、一の谷で散った平敦盛《たいらのあつもり》の名を、ヨドギミソウ（ミヤコグサの俗称）は、大坂城に多く淀君が愛したとも、トウキチロウとは、なんのことはない、木の下によくそだつからといったあんばい。

江戸の俳人越谷吾山が書いた『物類称呼』には、「たまむらさき京にてむらさきしきみという。筑紫にてこむらさきという」とある。はじめは、ムラサキシキミだったらしい。そのうち、下の一字が「ブ」になってムラサキシキブになった。〝しきみ〟の意について中村浩博士は、「重実《しげみ》

ムラサキシキブ　裸の枝に宝石を散りばめたような濃い艶やかな紫は、やわらかい光に映えてひときわ美しい。

の意で、実が枝に重くつく意」（『植物名の由来』）からという。小さい球果が、ぎっしり群がってつく姿から出たのであろう。

別名も、玉紫、紫、小紫、山紫などのほか、小鳥が好んで食べるから鳥紫、材が堅く箸にするから箸ノ木の名前もある。漢名は紫珠、紫の珠玉の意味。

英名はジャパニーズ・ビューティー・ベリーで、日本の美しい果実の意。日本特産のムラサキシキブは、いずこの国の人びとにも〝美しい果実〟と讃えられている。

材は堅く粘り強いこともあって、大工道具の柄やコウモリ傘の柄にした。もっと古い時代は、火をおこす錐《きり》にしたり、真っ直ぐ伸びるので、火縄銃の銃身掃除や弾丸《たま》込めに使った。

さらに、木炭の上質物は、この材とナナカマドが最高の硬度とか。七日間炭がまでむし焼きするほど材が堅いのでナナカマドといった。このように、かつては日本人の生活と密着していた植物である。

この仲間には、暖地海岸に生えるオオムラサキシキブは果実が大きい。また、果実の白いシロシキブ。果実が小さく、庭植え、鉢植えに向くコムラサキシキブがある。別名コシキブという。百人一首の「大江山いくのの道の遠ければ　まだふみもみず天の橋立」と詠んだ平安の女流歌人「小式部」にあやかった名。

日本には約一〇種が、北海道から九州までの山林に生える落葉低木。かつては武蔵野の名木の一つであった。日陰にもよく育つ。

花は六月頃咲く。見落すほど小さいが、ほのかに薫る。冬伸びた枝は半分ほどに切りつめるとよい。

りんどう

龍胆

秋草の季節。明るい青紫色のリンドウが目につくようになる。近年切り花や鉢花としての人気も高く、なじみ深い草花の一種。山野草の風情をもった園芸植物といえる。

日本各地の山地や草原に生える多年性の草花で、花期は九～一一月。この種は秋咲きで、リンドウ属のほとんどが秋咲きだが、春咲き、四季咲き種もある。

変種の多い植物で、高山、低地、草原に、それぞれ特徴のある種が成立、花色、葉の形、草丈の高低などに違いがみられる。

花色は青紫が普通だが、まれに白、赤紫がある。地味だが気品ある風情はいかにも日本人好み。秋の七草にもれたのが不思議。やや山地にあることが、山上憶良の目に触れなかったのであろうか。

その美しさに目をつけたのは、清少納言が早かった。『枕草子』の「草の花は――」に曰く、「かるかや、龍胆《りんどう》は枝ざしなどむつかしげなれど、こと花はみな霜枯れたれど、いと花やかなる色合ひにて、さし出でたる、いとをかし」と述べた。

晩秋、他の花が霜枯れしてしまった草原の枯草の間から、鮮やかに澄んだリンドウが姿を見せている情景で、忠実に自然をみている。

秋の草原にはなぜか青花が多い。ツリガネニンジン、アキノタムラソウ、マツムシソウ、キキョウなど、リンドウは晩秋最後の花。

漢名は「龍胆」、龍（竜）の胆《きも》のように、その根が苦《にが》いことから出たという。龍は想像上の動物であり、その胆が苦いといってもピンとこない。とにかくリンドウの根は苦く、日本薬局方にも健胃剤の規定がある。

葉の形が笹に似ることからササリンドウの別名がある。「笹龍胆」は源氏の紋所である。リンドウの花と葉を図案化したもの。鎌倉市の市章も「笹龍胆」で、源氏の鎌倉幕府開設にあやかろうとしたものか。紋章は史上の人物と事件を物語るものである。

リンドウ　龍の肝のように苦い根を持っているので龍肝（リンドウ）の名前がつけられた。この苦い根は健胃剤として利用されている

リンドウは、長野・熊本の県花である。日本の屋根といわれる長野の山々には高山性のオヤマリンドウ、ミヤマリンドウ、トウヤクリンドウなどの種類がある、熊本県は阿蘇山のそれと観光を結びつけたものだろう。

草丈の高い種類は切り花用に、矮性種《わいせいしゅ》は鉢植えや庭園に使われる。改良種も出回っており、鉢植え用の「新キリシマリンドウ」はキリシマリンドウより改良されたもの。深みのあるブルーで、一株に十数花が咲く。また北方産のエゾリンドウは長野県で栽培している。

花は釣鐘を上に向けたような形で、先端五裂、裂片と裂片の間に小さい副片がある。花は茎頂や葉のわきにつく。

花言葉は、「あなたが悲しむとき私は愛する」という。どんな意味なのか考えてみてください。

リンドウは秋の花として知られているが、春、夏に咲く種類も多い。繁殖は、実生、株分け、挿し芽の三通りがある。一般に株分けは秋、挿し芽は五月下旬に行う。

とうもろこし

玉蜀黍

盆踊りや夏祭りの季節。雑踏の中に流れてくるあの特有の香りに一度ならず振り向く人は多い。唐キビともいう。

「唐キビを焼く日の暑し祭店」。

人気のスイートコーンは五月から一〇月の長期間食べるが、なんといっても甘みと香ばしさは夏に入ってからのもの。

夏の札幌は唐キビを焼くスタンドが風物誌。新鮮で、焼いてしょう油、バターを塗って二度焼きする札幌式は若者のお目当て。

どんな野菜でも新鮮さを失ったら味は半減する。もぎたてのトウモロコシの味は抜群。近頃は、収穫直後に冷やして低温で消費地へ送り出す方法で消費者まで届く。買ったら早く食べるのが原則だ。

人気品種のハニーバンダムは、焼くと香り強く、あまりにも甘過ぎる。粒は鮮やかな黄色。もう一つがバイカラーコーン。白と黄が奇妙に混在するファッション品種。皮が柔らかく、嫌

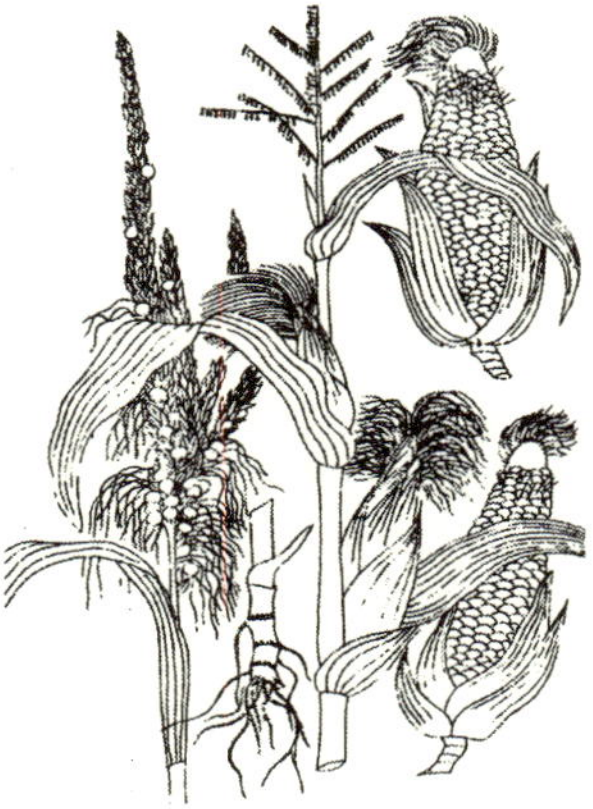

トウモロコシ　世界三大食物の一つ。平地から高冷地まで環境適応性も大きく、栽培が容易。

味のない甘さが口いっぱいに広がる。欠点といえば収穫後十数時間すると品質低下する。

お行儀のよい食べ方はこうするとよい。普通に食べると果皮が芯《しん》に残って汚《きたな》らしく見える。そこで粒を下歯の方でとるように食べるときれいにもげるとは不思議なこと。

イネ、ムギ、トウモロコシは世界の三大食糧作物といわれる。日本では、古くは農家の補完食糧か家畜飼料として細々栽培され、スイートコーンはせいぜい子供のおやつ程度だった。それだけに田舎で過ごした人々には忘れ得ぬ古里の味があった。

原産地はアメリカ新大陸のアンデス高原。ここで多くの品種が分化し、インカ文明を開花させた。次いで、北方に広がり、メキシコを中心に新品種が作られ、第二の文化といわれるマヤ文明を興す。

さらに北上し、アメリカで多数の品種群を生み、現在では世界の中心地となっている。

日本へは、約四〇〇年程前ポルトガル人が欧州から四国に伝えた。一方、明治初めにアメリカより北海道に飼料用品種が導入される。

別名の唐キビは、漢名「玉蜀黍《トウモロコシ》」↓モロコシキビ↓トウキビになった。またナンバンキビやナンバの呼び名は、南蛮人（ポルトガル人）が伝えたことに由来している。

食生活の多様化によって、スイートコーンの需用は伸びており、一方老人・婦人でも栽培は容易で、平地から高冷地まで環境適応性も大きいことから、水田転作々物として導入する町村も増えている。

兵庫県氷上郡春日町は、春日局の生誕地として知られているが、今は県下一のスイートコーンの産地となっている。

幼稚園児や保育園児が、背丈ほどに伸びた茎の中でもぎ取り体験をやっている例もあって、地域との触れ合いにも生かされており、塩ゆでされて園児は大喜び。

みかん

蜜柑

みかんの花が　咲いている
思い出の道　丘の道
はるかに見える　青い海
お船が遠く　かすんでる

昭和二一年、NHKラジオ歌謡の『みかんの花咲く丘』。コロムビアゆりかご会の歌声が祖国復興の夢と希望を乗せて唄った。

ミカンは明るい太陽の子。どこでも青い海を見下ろす山の南斜面に植えられ、「耕して天に至る」の景観を呈している。燦々《さんさん》と降り注ぐ真夏の日差しを受けて濃緑色の葉が照り輝いている。

芥川龍之介に「蜜柑」という短編がある。二等車に乗り込んできた貧しい身なりの田舎娘が、村の近くの踏切まで見送りに出た弟達に、車窓から五、六個の蜜柑をお礼に投げる。明るい色のミカンと、子供達の情景や心理の転換が鮮やかに描かれた作品である。

ミカンは冬の果物の代表格。ポケットに入れて持ち歩き、どこでもむいて食べられる。道具は一切不要。コタツに入ってお喋りしながら食べられコミュニケーションを支える最適の食べ物。加えて、皮をむくとき油胞が破れて霧のような香りが発散する。アメリカでは〝ながら族〟に好評で、「テレビ・オレンジ」の名が付いている。

「温州《ウンシュウ》ミカン」を単にミカンと呼ぶ。温州は、中国浙江省温州の名だが、温州ミカンは、れっきとした生粋の日本生まれ。鹿児島県長島で偶然発生した枝変わり。三〇〇年以前から栽培されており、英名はサツマ・オレンジ。

単為生殖でタネがない。タネ無しミカンを食べると子宝が無いということで嫌われており、一般化するのは明治の初め。江戸時代はタネの多い小ミカンが羽振りをきかせていた。その代表が「紀州ミカン」。

ミカン　海を見下ろす山の斜面に植えられ、真夏の日差しを受けて濃緑色の葉が照り輝く。

元禄の頃、紀州の紀国屋文左衛門が、江戸の祭りに合わせて、荒くれ男を募り、嵐を突いてミカン船で送り届け大儲けした話は有名。小さいながら、その味と香りは捨て難く、鹿児島や一部地方で今も商品としての命脈を保っている。

スーパーの果物売り場には、テカテカに光るミカンが並んでいる。まるで〝工業製品〟のよう。カラーワックスの〝薄化粧〟をした、〝美人〟である。

そのためか、ミカンの青カビは見ることがない。しかし、逆効果もある。ワックスの皮膜で呼吸が抑えられ、発酵を促して味を悪くする。

今日は〝ミカン受難時代〟といわれる。オレンジの自由化、次はオレンジ・ジュースも自由化になる。農家は高品質ミカン作りに勝負を掛けている。

〝甘い甘い青ミカン〟の宣伝通り、近頃のミカンはやけに甘い。若者は酸っぱさに拒否反応。軒並み甘党品種へ移っていく。しかし適度の酸味も必要。甘く酸っぱい味を懐かしむのは古い世代だけか。

りんご 林檎

赤いリンゴに唇よせて
リンゴはなんにもいわないけれど
だまってみている青い空
リンゴの気持ちはよくわかる

敗戦の荒廃の中、並木路子さんの軽快なメロディーが、日本人の心に明るさと希望を与えてくれた。一方で、ヤミ市ではリンゴ一個五円。「リンゴ高いや　高いやリンゴ」の替え唄まで出た。「私はまっかなリンゴです」の大人の童謡も結構楽しかった。

リンゴにまつわる三大逸話は、先ず、「アダムとイブの物語」。蛇の誘惑で、〝禁断の木の実〟のリンゴに手を出して楽園を追われる。

次は、「ウィリアム・テル」の伝説。悪代官に命じられ、息子の頭にリンゴを載せて、弓矢で見事に射抜くという話。

リンゴ　原産地は、カスピ海と黒海に挟まれたカフカス地方。ビタミン類、糖類、酵素、各種ミネラルが豊富。

三つ目は、「ニュートンのリンゴ」。リンゴの落ちるのを見て〝万有引力説〟を提唱したのは一七世紀。その木は枯死したが、その分身は各地にある。東京小石川植物園や秋田、長野、兵庫県山崎にもある。

原産地は、カスピ海と黒海に挟まれたカフカス（コーカサス）地方。鎌倉時代に中国から入ったものを「林檎《リンゴ》」と書きワリンゴといったが今や幻のリンゴ。現在のリンゴは明治初めに、アメリカ、フランスから導入した西洋リンゴから改良したもの。青森県が断然トップ。二位は長野県。版籍奉還、廃藩置県で、刀を捨てた武士達の必死の努力があったことを忘れるわけにはいかない。青森県はそれ以来ずっと第一位。

現在、リンゴ生産の五割を占めている品種が「ふじ」。アメリカから入った国光（母）とデリシャス（父）の交配から生まれた。当時、交配された園芸試験場東北支場のあった青森県藤崎町の「藤」から命名されたのが昭和四一年のこと。

日本人好みのリンゴだが、今やアメリカ市場を席けんしているとは皮肉なもの。貿易摩擦とは直接関係ないが、苗木が海の向こうで大きく育ち、アメリカの代表品種を総なめにしているらしい。かつて主流だった、小振りでキリッとした酸味のある紅玉や国光は久しくお目にかからない。

「世界一」は文字通り大きい。果皮に祝儀用の字を染め抜く細工をしている。

これに対し、「アルプスの乙女」は長野県松本で生まれたミニリンゴ。アルプスの少女ハイジに因む。

多くのビタミン類、糖類、酵素、有機酸類、各種ミネラルが豊富。イギリスでは、「一日一個のリンゴは医者を遠ざける」という諺がある。万病の妙薬でもある。

またリンゴは美人を作る。女性の大敵〝しみ〟を防ぎ、肌を潤し、血色をよくする。加えて、脂肪のつき過ぎを防ぐといわれ、食後一杯のリンゴ果汁は、二カ月でウェスト三センチ細くするというから中年太りも気にせずいける。

Ⅳ　冬の花

あおき
すいせん
だいこん
だいだい
なんてん
ふくじゅそう
やつで
ゆずりは
ろうばい
たちばな

あおき　青木

日陰を好む常緑低木の庭木。冬から色づいた鮮紅色の果実は翌春まで見られる。

漢名「桃葉珊瑚」は、葉間に紅珠を点ずるが故に、とある。桃の葉の形をした広葉革質で光沢あり、珊瑚、つまりセンリョウに似るという意味らしい。

和名のアオキ（青木）は枝が青いことから、また俗称をアオキバという。学名は、アオクバ・ジャポニカ・ツンベルグ。英名もアオクバと呼ぶ。

このアオクバの名は、和名のアオキバから付けられたもの。江戸時代に、長崎出身のオランダ商館付の医師として来日した博物学者のツンベルグが命名した。ソテツ、サザンカ、カキなどの学名も、彼によって和名そのままが学名に付けられて世界に紹介された。

日本原産のアオキがイギリスに導入されたのは一七八四年というから今から二〇〇年前のこと。耐寒性の強いアオキは、彼の地の厳冬の中でもよく育ち好評を博していた。

しかし当時入ったのは斑入りのある園芸種であったが赤い果実がつかなかった。アオキは、雌《めす》木と雄《おす》木が別々の雌雄異株《しゆういしゆ》植物というわけで、両方が植えられていないと果実がつかないのである。

イギリスに渡ったのは雌木だけであったので実がつかなかった。以来、一世紀近くを経た一八六〇年に、イギリスの園芸学者として著名なフォーチュンがアオキの雄木を求めて来日した。

彼は、イギリス王立園芸協会から派遣された蒐集家《しゅうしゅうか》で、一年余の滞在中に、植物や美術品のおびただしい蒐集品を母国に送った。訪日の主目的の一つは、アオキの雄木を手に入れることであった。

彼はまた、日本から中国に渡り東洋の植物を多数持ち帰った。なかでも、茶の木を中国からインドに移し、イギリスの植民地製茶産業の発展に尽くした功労者である。

アオキ　日本ではごく普通の植物であるが、ヨーロッパ人には年中変わらない深緑の美しさが賞賛される。

さて、その雄木は、彼が長崎から江戸に向う途中の横浜在住の外人宅の庭で見つけた。そのときイギリスの著名な種苗商ベイチが、軍艦ベレニス号に乗って来日しており、横浜でフォーチュンと会ってアオキを受けとり、インド洋、喜望峰を迂回して二ヵ月かかって航海、無事に運んだ。

植物の伝来にはしばしばドラマを伴うが、アオキもその一つ。日本から軍艦で運ばれたのである。そして、三年後には深紅の果実をつけた。

フォーチュンは『江戸と北京』(一八六三)に次のように述懐している。「私は非常な興味をもって、この植物の移植の結果を楽しみに待っている。読者諸氏も、イギリスの冬から春を通して、深紅色の実をいっぱいつけたこの植物が、われわれの家の庭を飾る情景を想像されたい。そのような結果の現われは、私がイギリスからはるばる日本に旅行しただけの価値がある」。

すいせん

水仙

スイセンは歳時記では一月、花暦では二月の花となっている。暖かい地方では歳末から、関東以北では三月頃から咲き始める。清楚な草姿と馥郁《ふくいく》たる香りの花をつけるため、広く人々に愛好され、厳冬から早春の花として必要欠くべからざる存在となっている。また、スイセンの三大自生地と呼ばれている淡路、福井越前、千葉房州では大量の自生品を切り花として出荷している。

スイセン属は、主に地中海沿岸部および中欧で発達し、四〇種内外の種を含むが、日本と中国に野生化しているスイセンはそのうちの房咲系の一変種で、園芸的に日本スイセンや中国スイセンと呼んで洋種スイセンと区別している。早咲き性、芳香性など洋種スイセンとは違った魅力を有しているが、高度の不稔性で全く種子ができない。その理由は、ヒガンバナなどと同じように、染色体の構成が三倍体となっているからである。したがって繁殖はもっぱら球根の栄養繁殖だけで殖えていくので、分球能力はきわめて旺盛であるが品種改良はできないという厄介な代物である。唐代に書かれた『酉陽雑俎《ゆうようざつそ》』には、〝スイセンハ子ヲ結バズ〟とある。

スイセンは漢名の音読で『本草綱目』には「此物宜㆓卑湿㆒不㆑可㆑欠㆑水故名㆓水仙㆒金盞銀台

花之状也」と誌されている。すなわち湿った土地によく育ち、水を欠くことができないというのが名前の起りだという。スイセンの仙は、仙人とか聖人のことだから、結局のところ、スイセンとは、水を必要とする凡俗を超越した花ということだろう。また金盞銀台という豪華な別名がある。白い六枚の花被と中央にある黄色の副花冠との色彩的対照を金の盃と銀の台になぞらえてつけた呼び名のようで、中国も日本もこのように同じ呼び名を使っていることからみて、日本のスイセンは中国から渡来してきたと考えられている。

わが国の古文書にスイセンの記載が初めて出るのは、室町期に編さんの『下学集』で、日本の俗名を〝雪中華〟と呼び、寒中に凛々しく咲くスイセンにふさわしい呼び名を与えている。

さらに同書には、ジンチョウゲを弟、ウメを兄に見たてて評価し、清らかで深遠な匂いを讃えている。また、室町期になると茶の湯や華道が発達してくるが、当時の公家日記や花伝書などに水仙の記載がみられ、〝送り花〟として珍重したり、茶花や立華に用いた記録もある。元禄の頃になると文人や画家、俳人などにも愛されるなど広く人口に膾炙《かいしゃ》されるようになっていたようだ。

さていったい、中国からどのようにして渡来したのか。一つの推測は、言葉と物がいっしょに渡ってきたと考えると、遣唐使がキクやアサガオとともに薬草として伝えたのではないか。民間では、球根をすりつぶして腫れものの治療にした。別の推測では、海流に乗って漂着したという考え方。ヤシの実でも八重の潮路を黒潮に乗って、はるばるとこの国のなぎさまで辿りついたことを思えば、お隣りの中国からやってくることは決して不思議ではない。私は海流渡来の可能性を検討するため、耐塩性試験を試みたことがあるが、一ヵ月ぐらい海水に浸していても充分生存することを確かめた。いずれにしても、人為的、自然的にわが国に渡来したスイセンは、自然環境に適した暖地海岸地帯に野生化していったのであろう。

中国と日本のスイセンは起源を同じくするもので、戦前は、スイセンのカニ作り用に球根を輸入していた。肥沃な土で培養された大球で、この球根を独特の方法で処理すると、葉がカニの足のように曲って伸びてくる。これを正月用の床飾りにしたものだが、現在は中国から輸入していないので日本のスイセンを使っている。

スイセン　清楚な草姿と馥郁たる香りの花をつけるため、広く人々に愛好されている。

中国では南の地方で栽培が盛んだったが、例の四人組時代は、花作りなどはもってのほか、ということで衰退していたらしい。私が訪中した昭和五三年（一九七八）の話では、栽培も活気をとり戻しつつあるとのことだった。

この花で想い出されることは、ギリシア神話のナルキッソス少年の物語で、美少年のナルキッソスが泉の水面に映った自分の姿に恋をし、実らぬ恋を悲しんで死んでいったが、そのあとに清浄可憐な花が咲いていた。その花に、ナルキッソスの名前をつけたという伝説である。この池のロマンスの花は、口紅水仙だろうと考えられているが、この花には独特の強い匂いがあって部屋に置いておくと頭が痛くなるほどの催眠性がある。スイセンの属名のナルキッソスは、この花の薬効から由来しているといわれている。

スイセンは瑞祥《ずいしょう》の花として新春の床飾りにふさわしい花である。また花シリーズの切手にも取り上げられている。昭和三六年郵便事業創始九〇周年記念の花シリーズの一月の花柄になっている。また昭和五〇年の年賀切手は、桂離宮新書院の長押《なげし》の釘隠のスイセンの図柄である。じつはこのスイセンをよく見ると花被が五枚しかない。五枚だと植物学上ではスイセンというわけにはいかない。絵画や工芸の世界は別で、五枚のほうが縁起がよいからだといわれていてもいささか抵抗を覚える。相手が切手ともなるとなおさらである。しかし、おめでたい年賀切手にあるスイセンの花弁の数を検証するような人は少ないだろう。専門馬鹿といわれても仕方がない。

だいこん 大根

秋も深まり寒さも増してくるとダイコンがうまくなる。「大根引き大根で道を教えけり」は一茶の句。こんな情景は、今では都市周辺から遠ざかってしまった。

ダイコンは日本の代表的野菜。茶漬に沢庵はもとより、おろし、煮つけ、ふろふき、鍋物の薬味など年中お世話になっている。

〝大根時に医者いらず〟の諺もあるように、米食には欠かせぬ消化剤で、正月の餅搗《もちつき》の際には〝からみ餅〟で食べたものだ。

チリ鍋の薬味はダイコンの解毒作用ということもあるのか、とにかく腹に当らぬ。いっこうに当らぬ役者を〝大根役者〟と呼んだ。

切干しの煮つけや大根葉の油いためにはおふくろの味がある。近頃では葉を切り落したダイコンが売られ、こんな食べ方は忘れかけている。ダイコンを刻み込んだ雑炊などはとっくに忘却の彼方へ消え去ってしまった。

沢庵漬は沢庵和尚が考案したと伝えられているが、これには異説もあるようで、貯蔵が良いの

ダイコン　原産は、コーカサス南部からギリシアにいたる地域。中国で野菜へ、日本で、世界に誇る優れたダイコンへと改良された。

で〝たくわえ漬〟と呼んでいたのが、〝たくあん漬〟になったともいう。

沢庵和尚は実在の人物で、但馬国（兵庫県）出石《いずし》の出身、一〇歳で禅寺に出家、三二歳で沢庵の名を与えられ、のち京都の有名な大徳寺で一山のおもきをなしたが、晩年は品川の東海寺に住み、ここで考案した保存食を、三代将軍家光が食べ、すっかり気に入って、沢庵と命名し諸国に普及させたという話である。

さて、ダイコンの生いたちだが、ふるさとは地中海沿岸のコーカサス南部からギリシアにいたる地域で、ここから西アジアを経て中国に伝わり、中国で野菜としての改良がなされた。中国から日本に入り、日本人の手によって世界に誇る優れたダイコンにまで改良された。ふるさとから、はるばる東に旅立って、日本の風土に根づいてしまった。

どんな栽培植物も同じだが、もとは野生植物であったものを、利用の目的で、特定の部分を巨大化したものでダイコンはその最たるもので、世にいう〝大根足〟は、ダイコンが足に似たものと解釈すれば差し障りはない。

さて日本には約一〇〇種類ぐらいのダイコンが、それぞれの風土に適合して特産地を形成している。形、大きさ、根の色など特徴をもっている。

昭和三三年に日本で国際遺伝学会が催された折、二十日大根や桜島大根などが展示され世界の学者を唸《うな》らせた。桜島特産のダイコンは世界最大であり、いっぽう守口大根は、長良川が育てた最長のダイコンで長いものは二メートルもある。

日本人はダイコンと長い歴史をともにしてきた。今ではダイコンも文化財的存在になりつつあるようだが、この遺産も大切に守ってほしい。

だいだい

橙

ダイダイは正月飾りの目出度い供え物。代々繁栄するようにとの語呂合わせから、葉をつけた果実を注連《しめ》飾りや鏡餅にのせて祝福する。今では正月飾り以外はなじみは薄いが、以前はカキとともに庭先果樹として広く植えられていた。崩れかけの土塀の上から枝を出していた紅黄色のダイダイが妙に印象に残っている。

ミカン科の常緑低木で、樹勢強く、高温、乾燥、過湿に耐え、耐寒力も強く、気候風土の適応力も大きい。原産地はインドのヒマラヤ地方。古く中国に入り、橙の漢名で日本に渡来した。『古事記』渡来年代はつまびらかでないが、景行天皇の代（約一九〇〇年前）というから相当に古い。『古事記』『日本書紀』にトキジクノカクノコノミ（非時香菓）の名前が出るが、その果実は、タチバナともダイダイとも考証されている。非時香菓とは、その時（季節）でないのにみのる香りの高い果実の意味である。夏にみのって、秋、冬を通して香りが変らないということでダイダイとする説もある。また、『本草和名』（九一八）のアベタチバナ（阿倍多知波奈）をダイダイに比定する説もあるなど歴史は古い。

トキジクノカクノコノミ（非時香菓）については、古代伝説上の人物の田道間守《たじまもり》の話がある。垂仁天皇が病気になられたとき、時ならぬ果物を求めて田道間守を常世国（不老不死の国）に遣わされた。彼は一〇年を経て、不老長寿の木をもち帰るが、天皇はその前年に崩御されていた。彼は帰国の遅れを詫び、カクノコノミを陵に献じ、嘆き悲しみ絶食してその場で死んだと伝えられる。

奈良明日香の橘寺にも田道間守の伝説がある。ある日、彼は不思議な光景に出会った。それは、老人が若い娘に叱られて泣いているところで、訳を聞くと、若い娘が母親で老人はその息子であった。その母親は、一つの木の実を見せて、この子だけが、酸っぱくていやだといって食べないから老人になってしまったのだと話した。それを聞いた彼は躍り上がって喜び、その不老長寿の実のなる木を譲り受けて帰国したと伝えている。

景行天皇は彼の志を憐れみ、その木が植えられた地を橘と呼ぶようになったという。つまり彼がもち帰った木はタチバナだとする伝説で、神仙思想の影響によって生まれた説話の例だが、タチバナにしてもダイダイにしても、その渡来をうかがう一つの参考になり得るだろう。

ダイダイ　ミカン科の常緑低木で、樹勢強く、高温、乾燥、過湿に耐え、耐寒力も強く、気候風土の適応力も大きい。

タチバナは日本に野生する唯一のカンキツ類で、高知室戸の野生林は天然記念物で、一説には、古代から原生種があったともいわれ、前述の中国渡来か否か、その由来もつまびらかでない。常緑で葉は常に立ち、香り高い花など、生命力の充実した呪力のある聖樹とされた。和名の由来には、香り立つ花がタチノハナ↓タチバナになったとか、田道間守が求めたタジマバナ↓タチバナになったとする説もある。

ダイダイは、夏の半ばに芳香のある白五弁の花を開く。花弁は細長く、雄しべは数本ずつがくっついている。緑色の果実は晩秋から熟しはじめ、冬には紅黄色のいわゆる橙色となる。成熟しても落ちにくく、もがずに残すと、翌年の夏には緑色に戻り、形も大きくなり冬には橙色に熟し、新しい実とともに二年も三年も同じ木に見られることから、代々の名がついた。再び緑化するという回青現象は、程度の差こそあれオレンジや日向《ひゅうが》夏柑などにもある。緑化した果実は果汁が少なく、三年目には回青しないという。

一樹に三世代の実が続くという繁栄長寿の縁起物であり、また、青春の色から始まって、再び青春の色に戻ってくる回青の縁起であり、若さがよみがえるとか、同じことを反復するので〝相変らず〟の意味にもあやかった。

ダイダイの別名に、回青橙、カブス、ザダイダイの名がある。回青橙は前述の通りで、カブスは漢名の臭橙で、カボスとも呼んでおり、形は小さく、普通に呼ぶダイダイとは別種にあたる。徳島のスダチ、大分のカボスは和料理として愛用されている。臭橙の名は、果皮に特臭のあることからついた。この果皮を乾燥して蚊遣りに使用したことからカブスの名がついた。また、ザダイダイ（座代々）の名は、果実のがく部が著しく肥厚して二重の形を呈していることからついた名前である。

果実は少し噛んでも、口が曲りそうになるほど強い酸味と苦味があるので、とても生食はできない。しかし多汁で香気に富むので、果実酢として和食の調味料にする。ユズ、カボス、スダチ同様、湯豆腐、ちり鍋、水炊きなどには欠かせぬ果汁である。特にポン酢はダイダイの果汁が主原料。また、果皮厚くペクチン含量も高く、良質のマーマレードが作られる。ダイダイ湯を作って飲んだ記憶も懐かしい。

いっぽう、成熟果実の皮を乾燥したものを橙皮と称し、芳香性健胃剤。きわめて未熟な果実を丸のまま乾燥したのが未熟橙皮と称し、カラタチの枳実《きじつ》の代用品となる。また、七味唐辛子に入れる陳皮《ちんぴ》に利用されたりする。花から採る精油を橙花油と称し、高級香水の原料になる。南フランスでは良質の香料ネロリィが採取されるとのことである。花、果皮のほか葉にも香りの良い精油を含んでいる。

果実の生食はできないが、生活と深い関わりを持っているといえる。インド、欧米各地、中国中南部に栽培が多く、日本は古くより渡来していたが経済栽培はなく、家庭果樹といった程度であるが、静岡や和歌山に比較的多い。中国では主として薬用に栽培する。日本では観賞用に、シマダイダイと称する斑入り種がある程度である。

なんてん　南天

晩秋の頃から色づき始めたナンテンの実が、冬に入ると一段と冴えてくる。たわわに垂れ下がった真赤な実が、北風の中に隠見する風情はまた格別である。

ナンテンをはじめセンリョウ、マンリョウ、ウメモドキ、モチノキなどの赤い実が、冬枯れの庭に彩りを添えていたが、越年の頃ともなると、ヒヨドリなどにすっかり食べ荒らされる。木の実は、冬の小鳥にとっては得難い餌である。いっぽう植物は、小鳥によってあちこち運ばれて子孫を殖やしていく。鳥と木は共存共栄、不即不離の関係にある。

なお、この種の木の実は、果肉の部分に発芽抑制物質を含んでいて、そのままいても発芽しないが、幸いというか小鳥に果肉を食べられると発芽する。巧みな自然の演出といえよう。正月の床飾りに残したいのか、ビニール袋をかぶせている知恵者もいる。「日当りや南天の実のかん袋」は一茶の句。

ナンテンの開花は梅雨の頃で、茎の頂端に白い小花が群がって咲く。雨で花粉が流されるというので傘を立てかけたりしている。軒下に植えるのも雨を避ける心くばりといえそうである。近頃は排気ガスの影響か、昆虫も少なく、実の数もめっきり減ったように思う。元来ナンテンには、生理的不結実性があるといわれており、環境条件で実つきが悪くなることがあるらしい。

ナンテンは昔から縁起の良い植物であった。「難を転ず」の語呂もあってか、なくてはならぬ庭木である。玄関や門前に植えて邪鬼を防ぎ火難を避け、便所や手水鉢のそばに植えて不浄を清めたりした。今でも、家相を気にする人は鬼門に当る場所に植えて厄払いをしている。

生活の中にも難を転ずる風習がある。災難よけのお守りとして、小児の着物に縫いつけた時代もあった。食当りを転ずる意味から、食べ物の上に葉を置く風習は今もある。赤飯を配るとき、小葉の三枚か五枚の葉を選んで、祝いごとは表、仏事は裏向けに置いたりする。赤飯に添える黒胡麻の袋にも実つきナンテンの絵がついていた。

掻敷《かい》きといって、食器に盛った魚や果物の下に、ナンテンやヒバなどの常緑葉を敷いたりする。ヒバなどの若葉から発散する香り物質に、殺菌作用のあることを経験的に知っていたのであろうか。掻敷きの起りは、古くは葉に食物を盛った時代の遺風だといわれるが、毒消しの効用も兼ね備えていたのだろう。

ナンテン 「難を転ずる」植物として縁起のよいものとされた。本来は中国名の南天竺の読みからつけられた名前である。

最近「森林浴」という言葉が話題になっている。森林に入ると、樹木特有のにおいを吸って気分は爽快、少々の風邪など治ってしまう。「総ヒノキ造りの家には、三年間は蚊が入らぬ」などと。森林には不思議な力があるらしい。

ナンテンは中国中部、日本では暖地の山林中に野生する。恐らく中国から入ったものが日本で野生化したのだろう。山口県阿武郡川上村の山林は天然記念物に指定されている。

ナンテンの名は、漢名の南天竺、南天燭、南天竹に由来する。南天竺は、南天と天竺を連ねたもの。竺はインド産の意。燭は花穂、竹は株立ちの形容である。西洋ではナンジナという。ナンテンの名は世界的となっている。

ナンテンを観賞する国は中国と日本だけ。特に園芸植物に改良したのは日本で、江戸時代は葉の変異に力を注いだ。大、小、細葉、斑入り、糸葉など。『草木錦葉集』（一八二六）には約五〇種があり、明治に入ると一二〇種ほどになる。

果実も、赤、白、淡紫、黄色など。アカミ、シロミ、フジナンテンなどと呼んでいる。ことに、ハボタンと寄せ植えして床飾りに使うオタフクナンテン、ミニ盆栽向きのキンシ（琴糸）ナンテンは世界に誇る園芸種である。

かつて武将はナンテンを床にいけ、勝栗《かちぐり》を祝って出陣した。そんなことから「南天の床柱」の言葉が出た。焼失した金閣寺茶室の夕佳亭の床柱は径二〇センチもあったという。現在のは一〇センチにも達しない。のどから手が出るほどの垂涎的存在をいうが、太いナンテンはなかなか見当らない。

ナンテンを屋敷内に植えた記録は、藤原定家の『明月記』(一二三〇)が早い。鎌倉期には垣根に、室町期にはいけ花の花材に使われた。絵画や美術工芸にも早くから登場。北尾政美の浮世絵「女風俗花の宴の内・十二月」は、雪兎を作って遊ぶ三人の女性と雪の中の赤いナンテンが鮮やか。ナンテンは暖地性だが雪の中でも育つ。「つぶらなひとみ」の雪兎は、雪国の子供の作品である。

ナンテンの実は民間薬。現在でも比較的利用されている。アルカロイドを含み有毒だが、「毒も薬」、咳止めなど効用も多い。白実がよいとの俗説で、漂白したのがあるとか。ナンテンの葉も、江戸時代に多くの効用が開発された。歯ぐきの腫れに煎じ汁を含むとよいとか、生葉をかむと乗り物酔いを防ぐなど。ナンテンの箸は、歯ぐきをしめ、ナンテンの杖は、老人向き、小鳥の止まり木は、虫や病気がつかない。

中国では、ナンテン材の枕を「邯鄲《かんたん》の枕」という。盧生という青年が、邯鄲に宿ったとき、栄枯盛衰を夢見た不思議な枕がナンテンだという。今どき枕にするような太いナンテンなど手に入らぬが、夢でもいいから、こんな枕で富貴をきわめてみたいものだ。

丈夫な植物であるが、カイガラムシがつく。日当りが良いと実つきもよい。比較的水湿を好む。手水鉢近くに植えるのは老人の知恵か。挿木は三月中頃に、前年枝を使う。株分けは四月頃、茎は株元から叢生《そうせい》している。種まきは果肉を除いて、取りまきすればよい。

ふくじゅそう

福寿草

フクジュソウ（福寿草）とは、新春をことほぐにふさわしい呼び名ではある。別名も、元日草、朔日草、福神草、福徳草、満作草および報春花など、いずれも縁起のよい名前がつけられている。花言葉は、「幸福を招く花」。昔から、松竹梅とともに、正月床飾りの寄せ植えや鉢物にして、一年の幸福と長寿を祝ったものである。

フクジュソウは、寒さに強いキンポウゲ科の宿根草。シベリアから中国東北部および日本が原産。北海道は平地に、本州では、中部以北は山地の落葉広葉樹林の林床に、中部以南では限られた深山にしか野生していない。近頃は、野生品もしだいに少なくなっている。

東北地方には、マンサクと呼ぶ地方が多い。早春に先がけて、まず咲く花ということだろう。雪を割って芽を出し、雪どけをまって燃ゆるが如き金色の花を綻《ほころ》ばせる。耐えて咲くその姿に、昔の人びとは深い共感をよせたことであろう。その上開花の時期が、旧正月に近いということもあって、数多い山草の中から、めでたい草花に選んだものと思われる。

京都の俳人、松江重頼の『毛吹草』（一六四五）の一月に、「福寿草元日草共」とある。また、この頃の古書にも、元日草、元旦草、フクヅク草などの名も見え、江戸時代にはすでに、床の間を飾る祝儀の花となっていた。

フクジュソウは、日本で改良された独特の園芸植物で、江戸末期に出た『本草要正』（一八六二）には、一二六種の品種を記載している。江戸期は改良の全盛期であった。明治になって、西洋草花の導入に押されてか関心も薄れ、多くの品種が失われた。今日では、約四〇種前後の品種が、一部の篤志家の手で、保存培養がなされているといった程度である。

野生品の草姿は、なんとなく粗野だが、園芸種と違って作為がない。太く短い根茎に、ニンジンに似た葉をつける。花は萌芽とともに開くが、暖地では、茎や葉が伸びてから茎頂に上向きに咲く。花色は産地で多少異なるが、初めは緑色を帯びた淡黄色、後に濃い黄金色に変る。

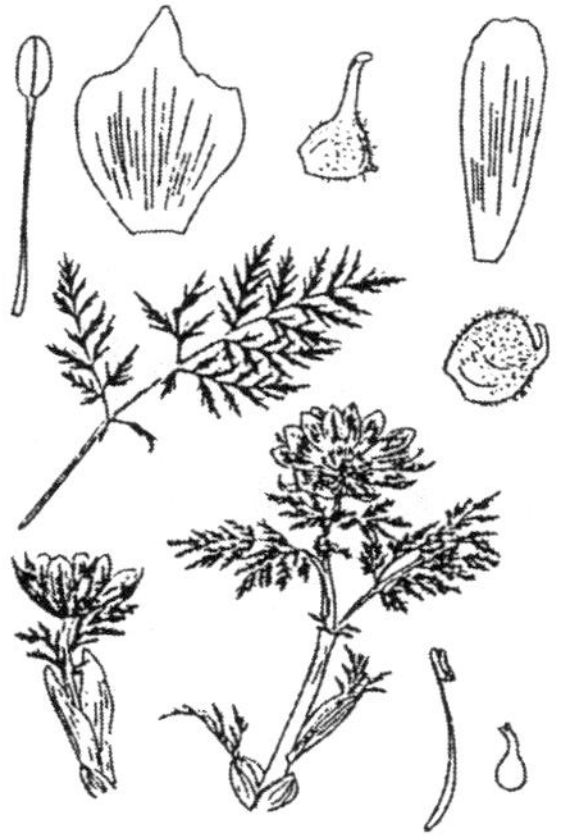

フクジュソウ　花は向日性が強く、朝開き、夜閉じ、光を追って太陽を回る。松竹梅とともに、正月床飾りの寄せ植えや鉢物にして、一年の幸福と長寿を祝った。

花は向日性が強く、朝開き、夜閉じ、光を追って太陽を回る。毎日これを繰り返すが、「六日草」の別名のあることからすると、花の盛りは一週間ぐらいということになるのだろうか。

正月用に購入する株は、フレームやハ

ウス内で人工的に促成させた「室咲き」品である。晩秋から初冬に、栽培している株を掘り上げ、高温多湿に保って促成する。埼玉県秩父地方は昔からの産地で、クワ園に間作して大量に生産している。

クワ畑の環境は、秋から冬期は日光がよく当り、夏にはクワの葉で日陰になるというわけで、フクジュソウが好む、開花期は日当り、花後は日陰の生態によく一致している。

フクジュソウは、地上部に比べて根張りが大きい。黒褐色の針金のようなひげ根をいっぱいつけている。これを平鉢に寄せ植えする場合は根を切りつめて植える。従って、平鉢のままでは来年は咲かない。花後は、大鉢か露地植えにする必要がある。庭の日だまりに植えておくと二月頃には咲く。

おめでたい正月飾りには、花芽の数を、七・五・三に揃えたりする習慣もある。

わが好きの数の七つの福寿草　播水

鉢物をよく咲かすには、日に当てることと、時々霧を吹きかけてやることである。

現在の栽培種は、そのほとんどが、古くからの品種を、埼玉県の中村家が保存継承していたものので、氏の功績は大きい。生物固有の遺伝子は、一度失われると、再び創り出すことは不可能に近いのである。江戸期の約三分の一の品種が残ったことは、極めて幸いなことであった。

花色は黄色が代表的なもので、「福寿海」という品種が大部分を占め、八重咲きで、キクのような花である。黄色でも、産地によって濃淡が違う。

改良種には、紅、白、絞り、緑花などの花色をはじめ、咲き方によっても区別がある。なかでも、「三段花」と称する品種は、花の中から花が咲くといった変り物で、まず黄色の花弁を展開してから数日後に、中央から緑弁が出てしだいに黄弁を覆う。その後再び、中心から黄弁が出るという不思議な代物である。げてもの好きの江戸庶民が残した文化遺産のようでもある。

いっぽう、西欧には、夏に真赤な花を咲かす西洋フクジュソウがある。これは日本のフクジュソウとは別種で、一年生の種類もある。さて、フクジュソウの属名をアドニスというが、アドニスは、ギリシア神話に由来する美少年の名で、彼が猪に殺されたあと、流れ出た血から咲いた花だという。西洋の花言葉は、「悲しき思い出」。英名も「雉子《きじ》の目」で赤い。

フクジュソウの根茎には、アドニンと称する強心性の物質を含む。毒性のある物質だが、毒も薬というわけで、強心剤に使われる。

冬に咲く花の少ない今日、日本独特の園芸植物として、再び繁栄する日の近いことを期待して止まない。

やつで　八手

落葉樹が葉を落としはじめるとヤツデの花が咲く。初冬の夕ぐれ、浮き立つように咲く白いヤツデの花は、目に泌むほど印象的。霜にも負けず寒中を咲き続け、侘しい庭を彩ってくれる。ヤツデは生粋の日本固有植物。東北南部から琉球列島までの海岸沿いの森林内に自生、特に暖流が流れる関東以南に多い。ウコギ科ヤツデ属で、日本に一種、台湾には別種がある。古くから庭木としてなじみ深い。

地味な植物だが、日陰にもよく育ち、日当りの悪い裏庭、大木の下、手洗いの目隠し、また公害にも強いので、公園の植込みに使っている。ヤツデは日本よりむしろ欧米で評価が高い。江戸時代に、アオキとともに欧州に進出した日本の代表的常緑低木樹で、現在では庭園樹の双璧として欠かせぬ庭木となっている。

茎は株元から叢生、同じような太さで先端部に葉が集まり、長い葉柄で四方に展開する。三、四年たった古い葉は下から順に枯れ落ちるので、茎面に半月形の葉痕が残る。茎の髄は太く柔らかいので、顕微鏡実験に使うニワトコの髄の代用にする。

葉は厚く光沢があり、冬でも瑞々しい色艶を呈する大きい葉は、あたかも亜熱帯植物を感じさせるほど特異的で、日本原産にしては珍しい。葉は手形のような掌状葉で、普通七から九裂ぐらいの切れ込みがある。しかし幼葉には切れ込みはなく、茶褐色の綿毛が密生、展葉するとしだいに毛は脱落し、切れ込みを増す。

ヤツデの呼び名は、「八つ手」の音訓みで八裂の表現。実際は奇数の方が多いのだが、ただなんとなく数が多いのを「八」で表現、八方広がりで縁起もよい。その手形を形容して、「テングノハウチワ、テングノウチワ、テングノテ、ウシオオギ」などの俗称がある。あの鼻の高い〝天狗の羽団扇〟とは言い得て妙であり、また、牛小屋に集まってくる蝿を追っ払う〝牛扇〟の形容も面白い、鞍馬寺の寺紋はテングノハウチワだという。

ヤツデ　日本固有の植物。葉は厚く光沢があり、冬でも瑞々しい色艶を呈する大きい葉。日陰にもよく育つ。

漢名は八角金盤、金剛纂でともに葉の硬い表現。纂は葉が枝先に集まっている意味。いっぽう、学名は「ファツィア・ヤポニカ」で、属名のファツィアは日本語の「八手」に由来、種名のヤポニカは日本産の意で、ともに日本起源による。

花は、茎葉の先端部から伸びた円錐状の花

柄の先に、乳白色の小花が、ネギ坊主のような球形に群がって咲く。一つ一つの花は小さくて目立たぬが、花弁は五枚の虫媒花。一個の花の寿命は一週間ぐらいだが、一株全体の花期は長く晩秋から寒中へと咲き続く。

この花には、ギンバエやハナアブ類がよく集まる。悪臭というほどでもないが、一種独特の臭いで、お世辞にも佳香とはいえず、ギンバエ類が好きな臭いらしい。そのせいかいけ花の花材にはあまり用いない。気の毒な臭いと思うのは人間どもの浅はかさ、昆虫の少ない冬でも活躍しているハエ類を引き寄せ、子孫を維持する交配を行うためである。

冬を越してサクラの咲く頃、紫黒色の球形の小果を多数つける。開花中、しゃんと立っていた太い花軸も、果実の成熟につれ下向きに倒れていく。全力を使い果たした姿であろう。やがて側芽が伸びはじめ新しい葉を展開する。

ヤツデの健康的で雄渾な葉、生命力に富む樹勢には、邪悪や疫病の侵入を防ぐ呪力があるものと信じられた。鹿児島地方には、伝染病が発生すると村の入口や各家の門口に縄を張って、ヤツデ、ナンテン、コショウを吊し、「なんでん（南天）来たときは、八手でつかまえ胡椒を食わせて毒を消す」呪いをする風習があったようである。庭木に植えるのもそんな意味があったのかもしれない。

一方、ヤツデは薬用植物でもある。葉や根皮にサポニン類が含まれ去痰薬として有効で、また民間薬として、葉を刻んで風呂に入れるとリュウマチに効く。便槽に投入すると蛆殺しになるし、葉を砕いて灰と混ぜ、川、沼に投げ入れると魚が中毒して捕えやすくなる。反対に有毒植物のような記録もある。江戸時代に出た『大和本草』（貝原益軒）には、「鰹の刺身を八つ手の葉に盛りて食すれば死す」と書いている。単に葉に載せるだけで果たして中毒するだろうか。

ヤツデはまだまだ改良余地のある植物。園芸種に斑入り葉がある。『草木奇品家雅見』（増田金太・一八二七）には、葉の周辺が白いフクリンヤツデの図がある。このほか、白斑のシロフヤツデ、黄斑のキモンヤツデ、葉が縮れるチヂミバヤツデ、葉の切れ込みの深いヤグルマヤツデなどがある。葉の切れ込み数や裂け方の深浅に変異も多いし、斑入り種の改良も含め将来が期待される。

二〇年程前アメリカより導入されたファツヘデラは、フランスで改良された新しい観葉植物で、ヘデラ属のセイヨウキズタと日本産フイリヤツデの属間交雑種で、ヤツデ属の属名ファツィアとヘデラ属の両方の属名をとって、ファツヘデラと名付けられたもので、丈夫な鉢栽培として普及しつつある。ヤツデは住環境の変化に対応して、室内装飾の鉢物、建物の陰を飾る庭木としてますます販路を広げている。

栽培はきわめて容易。挿木は四月頃、葉を除いた茎を三〇センチぐらいに切って挿すと九月には発根する。株分けなら簡単につく。鉢作りは実生苗を使う。初夏に熟した種子をとりまきし、二〜三年目に鉢に移す。ヤツデは日陰を好むが、日光を受けると却って色艶を増す。成熟した果実は、ヒヨドリなどの小鳥が好んで食べる。

ゆずりは

楪

ユズリハは正月の縁起植物。ウラジロやダイダイとともに、正月のしめ飾りや床飾りにする習慣が古くからある。

晩春、新芽の先に、みずみずしい新葉が目立ってくると、下の旧葉がぽつりぽつりと落ちて新葉に位置を譲る。

新葉と旧葉が互いに譲り合って交代するさまが、新旧交代、親から子へと世代を譲るにたとえたもので、子孫繁栄、新春を寿《ことほ》ぐにふさわしい名前である。

暖地の山林に野生するユズリハ科の植物。常緑高木で、葉は厚く長円形、表は深緑、裏は白っぽい。葉柄が赤く、深緑と対照的で人目を惹く。

『枕草子』に、「ゆづり葉のいみじうさやかにつやめき、茎はいとあかく、きらきらしく見えたるこそ、あやしけれどをかし」とあり、深緑と真紅の対照を愛《め》でている。

譲葉、交譲木、楪の字を当てる。古名を親子草、ツルシバとも呼び、また『万葉集』にはユズルハ（弓弦葉）で二首詠まれている。

一般に、常緑樹であっても、新葉が出ると古葉は落ちるのだが、とりわけユズリハは、枝先に車輪状に大きな葉が集まっているだけに、落葉が目立つというわけ。
〝譲る〟ということは、新陳代謝を意味することでもある。古い体質が温存されている教育界に新風をとり入れようと、兵庫県教育委員会は「ユズリ葉賞」を制定している。「謙譲の美徳」、それはもう過去のものか。

しづかなる冬木のなかのゆづり葉の
にほふ厚葉に紅のかなしさ　斎藤茂吉

ユズリハ　新葉が出ると下部の旧葉が一枚ずつ落ちていくので、葉の役割を譲るようにみえるところからこの名前がある。

公園や庭木として植えられている。雌株と雄株が別々の雌雄異株《しゅういしゅ》植物で、雌株には晩秋の頃、黒っぽい果実が熟す。雌株に実がつくためには雄株の花粉が必要であることは勿論で、両方の株がなければ実は結ばぬ。
キュウリ、スイカ、トウモロコシなどは、一つの株に、雌花と雄花がつく。このような植物を雌雄同株《どうしゅ》という。ウリ類はこのタイプである。

雌雄異株の植物は比較的少なく、アオキ、サンショウ、ヤマモモ、ヤナギ、イチョウ、ソテツ、アサ、クワ、ホウレンソウなどが代表。

ユズリハの別種に、東北、北海道にはエゾユズリハ、暖地にはヒメユズリハがある。この種は、葉は細く、葉色も淡く、葉柄の紅も乏しいものだが、これを指してユズリハと称したりしている。

ユズリハの材は均質緻密で、軟らかく細工しやすいので、漆器などの器具材。葉の煎汁は去痰、駆虫薬、樹皮は染料に用いた。また、紀州熊野地方では、幼葉をゆでて正月菜と称して食べたという記録もある。

和歌や俳句にも多く出る。

ゆづり葉や口に含みて筆始　　其角

ろうばい

蠟梅

ロウバイの花が小きざみに震えている。春はまだ遠い。

そっけない枝振りに、鮮黄色の小形の花がうつむき加減に咲く。ウメより早く咲くが、人目をひかぬ花である。何よりも、かすかに匂う香りはウメに劣らない。

真冬に咲く花木として貴重であり、侘しく、ひっそりと咲く姿は茶人の心を惹く。花言葉は、「枯淡」。

中国では、雪中の四花として、ウメ、ロウバイ、スイセン、ツバキを選んでいる。

名前に梅の字がついているが、全く別種でロウバイ科の植物。中国原産で、三〇〇年程前に渡来し、花の少ない冬の庭木として広く植栽されている。中国では花から香料を採ったらしい。

さて、ロウバイの呼び名について、『本草綱目』（一五九六）に「梅と時を同じうし、香また相近く、色蜜蠟に似たる故に名を得」と説明している。つまり、ろう紙細工さながらの花弁から名づけられた。和名ロウバイは、漢名の蠟梅の音読みである。古くは、唐梅（カラウメ・トウウメ）とも呼んだ。

ロウバイ 黄色で半透明の花びらは蠟細工のようにみえるのでロウバイの名前がついたという。

もう一つは、臘月、つまり旧暦一二月頃に咲くところから臘梅と呼んだという説。「旧臘中はおせわになりました」の挨拶は少なくなったが、臘月とは一二月のことである。

『大和本草』(一七〇八)には、「臘月に小黄花を開く、蘭の香に似たり中華の書に多く記し、詩にも詠せり」とある。これに対して、牧野富太郎博士は、「蠟は蠟燭のロウで、ロウバイが蠟細工に似た造花のような花をつけ花の姿が梅に似ているから」という。したがって、臘梅は間違いで、蠟梅と書くのが正しいということである。

暖地では一二月頃から咲き始め春先まで咲く。花びらが多く、外、中、内側の三層に重なっていて、外側は小さなウロコ状で、蠟を引いたような光沢がある。中側は大形で尖った花弁。さらに内側は、再び小形でえんじ色を呈する。

ソシンロウバイ(素心蠟梅)という種類は、えんじ色がなく、花全体が黄色で香りも高い。また、花が大きく美しいトウロウバイという種類がある。

いっぽう、茶褐色の花をつけるクロバナロウバイと称する種類がある。明治の頃に米国から入ったもので、初夏の頃に咲く。茶花として珍重されている。

ロウバイは寒さに強いが、栽培環境が悪いと花つきも少ない。日当りがよく、肥料分に富んだ土で、適当な湿気といった野菜作り並みのぜいたくな環境を要求する。やせ地、半日陰、西日はきらう。寒肥をやり、目ざわりな枝は剪定《せんてい》してやる。夏の乾燥にも注意する。

マンサク、サンシュユ、オウバイ、レンギョウ、と咲くと春たけなわ。

たちばな　橘

タチバナはミカン類の一種。日本に自生する唯一の種類である。奄美大島、九州、四国、中国、和歌山、静岡などの暖地に自生が見られ、高知県室戸岬の原生林は有名で天然記念物に指定されている。

タチバナは、古代日本人が最も哀惜したもので、京都御所紫宸殿の前庭に植えられた左近の桜、右近のタチバナは、聖樹として今なお人々の関心を集めている、

また、文化勲章は、タチバナの白色五弁と曲玉を象《かたど》ったもので、花は小さいが気品がある。

タチバナは実を指し、ハナタチバナはその花を指すものと区別する場合があるが、それほど正確ではない。花と実を愛でた歌が『万葉集』には六八首ある。このタチバナは、コミカン（一名コウジミカン）類の古名であるといわれる。

また、『古事記』や『日本書紀』に垂仁天皇の命を受けた田道間守《たじまもり》が、苦節十年の後持ち帰った非時香菓《ときじくのかぐのこのみ》の話が誌されているが、タチバナとする説やダイダイ説、コミカン説などと推論はまちまち。しかし、前述のように、タチバナが日本に自生していることから推察すると、タチバナ

説の評価は低い。

家紋のうち、源氏、平氏、藤原氏、橘氏を四姓と称し、四家の名族に数えられている。葉と果実を組み合わせて図案化したもの。

『枕草子』には、「花の中より実の黄金の玉かと見えて、いみじくさはやかに見えたるなど、朝露に濡れたる桜にも劣らず、時鳥のよすがさへ思へばにや、猶更にいふべきにもあらず」とタチバナを愛でている。

一方、人名に橘を付けた例に、弟橘媛《おとたちばなひめ》の話がある。日本武尊の妃で、尊が東征のとき、相模の海上が荒れた折、海神の怒りをなだめるため、弟橘媛が身を投じて波風を鎮めたという話である。

また、『続日本紀』聖武天皇の條には、天明天皇、葛城王の母の忠誠を賞でられて、橘を菓子《かぐのみ》の長上として、橘姓を賜る話もあり、タチバナは果物の最上とされているが、この場合のタチバナもコミカン類だろう。

花は六月頃、果実は一一月から一二月に成熟する。ユズに似た香りを放つが、酸っぱくて食べられない。台湾では果汁にトウガラシを加えて調味料を作るらしい。

タチバナ　小さいが気品のある花。古代日本人が最も愛惜したもので聖樹として人々の関心が高い

果実は扁平で小さく、重さ六グラム前後、果面は黄、果肉は淡黄色で比較的大きい種が数粒ある。古くは薬用として利用していたのだろうか。

タチバナの栽培はほとんど無くポンカンの接木台にする程度。古くから日本人の心に感動を与えてきたタチバナであったが、現在では見向きもされない。

なお、江戸時代に大流行したヤブコウジ科のカラタチバナを一般にタチバナと称し、両者はややまぎらわしい。赤、白、黄の美しい実をつけ正月用の床飾りに使う。

第三部

花ごよみ・花ことば

ここに掲げた「花ごよみ」と「花ことば」は、ヨーロッパ、とくにイギリスで一般に流布しているFlower Calender や Language of Flowers のいくつかの本をもとにして作成したものである。一覧の中には日本ではなじみの薄い花や、季節感が一致しない植物も含まれているが、ここではそのままにしておいた。従って同類の他書とはいくらか異なるところもあろうが、その点は自由にご選択いただきたい。

要は心の遊びとして利用いただくことで、ここに掲げた花ごよみや花ことばはヨーロッパの伝説・故実やヨーロッパ人の季節感と花に対するイメージによって編み出されたものであるから、わたしたち日本人にはしっくりこないのもまた止むを得ないところであろう。

私たちに納得できる日本人独自の花ことば。花ごよみが成立するのがもっとも望ましいことである。しかし南北に長い日本では花の種類や開花の時期に相当の差があって、全国的に同意できる花ごよみを作ることの難しさもあるだろう。(この原文は、八坂書房の八坂安守氏によるものである)

参考文献

The Language of Flowers;A Jounal and Record for Birthdays　著者・刊行年不詳
Language of Flowers,Kate Greenaway　刊行年不詳
Floral Poetry and the Language of Flowers,1877　著者不詳
園芸辞典・世界花言葉全集　西島楽峰編　昭和五年　春陽堂
花ことば　弘田茂　昭和四五年　保育社
花ことば・花ごよみ　大塚・中川編　昭和五二年　大阪教育図書

1月 JANUARY

日	日々の花	花言葉
1	スノードロップ	希望・目的遂行
2	きずいせん	私の愛に応えて
3	クロッカス	青春の喜び
4	ヒアシンス(白)	つつしみ深い
5	すはまそう	信頼・忍耐
6	すみれ(白)	謙そん・誠実
7	チューリップ(白)	失恋・待ちます
8	すみれ(紫)	貞節・忠実
9	すみれ(黄)	つつましい幸せ
10	つげ	禁欲・淡泊
11	においひば	変わらぬ友情
12	にわなずな	心の美しさ
13	ラッパずいせん	報われぬ恋・尊敬
14	シクラメン	内気・嫉妬
15	さんざし(枝)	厳格・苛酷
16	ヒアシンス	貴方とうまくいく
17	すいば	忍耐・親愛の情
18	アブチロン	尊敬します
19	あかまつ	気高さ・気品
20	えんこうそう	栄誉・富
21	きづた	誠実・友愛・結婚
22	ぜにごけ	母性愛・健康
23	がま	あわてもの・従順
24	サフラン	陽気・喜び
25	はこべ	追想・無邪気
26	おじぎそう	敏感・意気地なし
27	ななかまど	慎重・賢明
28	ポプラ	勇気
29	こけ類	孤独・憂うつ
30	きんぽうげ	幸せ到来・喜び
31	クロッカス	青春の喜び・信頼

2月 FEBRAUARY

日	日々の花	花言葉
1	プリムローズ	あこがれ・少年時代
2	くさぼけ	一目ぼれ・平凡
3	アルム	不屈の心・情熱
4	さくらそう(赤)	独立・運命をひらく
5	しだ類	愛嬌がある
6	ばんだいそう	陽気・快活
7	わすれなぐさ	真の愛・節操
8	ゆきのした	慈愛・気楽
9	ミルリス(ぎんばいか)	喜び・神聖な愛
10	じんちょうげ	甘い生活
11	やまはっか	同情・共感
12	ジャステシア	女性美の極致
13	くさよし	忍耐・不屈
14	カミツレ	逆境に耐える
15	ヒマラヤすぎ	貴方の為に生きる
16	げっけいじゅ	名誉・栄光
17	牧草	服従・実利主義
18	りゅうきんか	富・金銭欲
19	ならの木	歓待・愛国心
20	カルミア	野心・大望を抱く
21	ネモフィラ	成功確実
22	ビロードあおい	慈悲心・情深い
23	あんず	疑惑・分別がない
24	つるにちにちそう(青)	朋友・若き日の友情
25	じゃこうばら	変化に豊む美しさ
26	アドニス(ふくじゅそう)	回想・思い出
27	おおあまな	潔白
28	藁	一致・協調心に豊む
29	アルメリア	同情・思いやり

3月　MARCH

日	日々の花	花言葉
1	ラッパずいせん	自尊心が強い
2	ラナンキュラス	貴方は魅力的
3	クローブ(ちょうじ)	高貴・威厳
4	きいちご	謙そん・尊重される
5	やぐるまぎく	優雅・デリカシー
6	ひなぎく	純潔・無邪気
7	クレソン	不変・不屈の力
8	くり	豪華・満足
9	からまつ	豪放・傍若無人
10	いらくさ	ランデブー・集合
11	きくにがな	倹約・質素
12	ポプラ	嘆き・哀悼の意
13	ヘメロカリス	思わせぶり・媚態
14	アーモンド	希望・期待
15	どくにんじん	貴方は私の命取り
16	はっか	貞淑・美徳
17	えんどう(花)	喜びの訪れ
18	アスパラガス	私は打ち克つ・平凡
19	くちなし	清浄・純潔
20	チューリップ(紫)	不滅の愛
21	ステファノティス	東へ旅立ちませんか
22	むくげ	名誉・地位
23	グラジオラス	用意周到
24	はなびしそう	私を拒絶しないで
25	つる植物	束縛・縁結び
26	さくらそう(白)	変わらぬ愛
27	カルセオラリア	貴方を伴侶に
28	はりえんじゅ	永遠の愛
29	ごぼう(花)	私にふれないで
30	えにしだ	清楚・上品
31	くろたねそう	とまどい・困惑

4月　APRIL

日	日々の花	花言葉
1	すもも	無分別・誠意がある
2	アネモネ	期待・可能性
3	房咲きすいせん	うぬぼれ・自尊心
4	アネモネ(赤)	孤独・貴方を愛す
5	いちじく	豊か・議論
6	ふくじゅそう	追想・永久の幸せ
7	アジアンタム	天真爛漫・愛嬌
8	はりえにしだ	変わらぬ愛・清楚
9	さくら(白)	頼りない・淡泊
10	つるにちにちそう(白)	楽しい想い出
11	はなしのぶ	貴方の情を待つ
12	もも	貴方のような魅力
13	はるしゃぎく	陽気・いつも元気
14	ひるがお	絆・拘束する
15	はくさんちどり	あやまち・錯誤
16	チューリップ(絞り)	美しい目
17	きしょうぶ	私は燃えている
18	あかつめくさ	勤勉・実直
19	ひえんそう	高慢・尊大
20	なし	慰め・安楽
21	やなぎ	自由・悲哀
22	アスター	追憶・想い出
23	ふうりんそう	念願・抱負
24	かしわばゼラニウム	真の友情
25	ばいも	人を喜ばせる
26	たねつけばな	勝利・勝たねばならぬ
27	すいれん	清浄・清純な心
28	プリムラ・ポリアンサ	神秘な心
29	つばき(白)	理想的な愛
30	きんぐさり	愁いある美しさ

6月　JUNE

日	日々の花	花言葉
1	ばら(ピンク)	貴方の愛を待つ
2	おだまき(赤)	気をもむ
3	あま	親切に感謝
4	ダマスクスローズ	美しい姿
5	マリーゴールド	悲しみ
6	においイリス	情熱・恋人
7	よもぎ	からかい・冗談
8	ジャスミン	愛嬌・気立ての良さ
9	スイートピー	ほのかな喜び
10	ひげなでしこ	勇敢・情事
11	ようらくゆり	威厳・純潔・王者
12	もくせいそう	器量より気立て
13	ジギタリス	不誠実・大言壮語
14	るりはこべ	変化・疎遠
15	カーネーション(赤)	哀れみを・傷心
16	チュベローズ	危険な楽しみ
17	しろつめくさ	私の事を考えて
18	タイム	活動的
19	ばら	愛
20	るりとらのお	女の節操
21	まつよいぐさ	移り気
22	かんぼく	年老いた・年齢
23	たちあおい	野望・大望
24	バーベナ	魅力・魔力
25	ひるがお(ピンク)	優しい愛情
26	ライラック	思い出
27	とけいそう	信仰・宗教
28	ゼラニウム	なぐさめ・慰安
29	ふうろそう	陽気・ご機嫌
30	にんどう	献身的な愛

5月　MAY

日	日々の花	花言葉
1	きばなさくらそう	物思い・憂愁
2	うまのあしだか	幼稚・稚気
3	たんぽぽ	謎・愛のまごころ
4	いわなし	恋のうわさ・風聞
5	すずらん	幸福の再来
6	ケイランサス	逆境にも勝つ友情
7	いちご	尊敬と愛情
8	すいれん(黄)	優しさ・甘美
9	やえざくら	教養・淡泊
10	アイリス	優雅な心・伝言
11	りんご	貴方がいて幸せ
12	ライラック(白)	青春の純粋さ
13	さんざし	希望
14	おだまき(紫)	勝利・決心
15	わすれなぐさ	真の愛
16	こうりんたんぽぽ	目ざとさ
17	チューリップ(赤)	失望・望みのない愛
18	さくらそう	勝利者の親切
19	ちどりそう	美しい人
20	みやまかたばみ	歓喜
21	ひえんそう(ピンク)	移り気・浮気
22	フクシャ	趣味のよさ
23	いとしゃじん	従順・悲しみ
24	ヘリオトロープ	献身・誓った愛
25	パンジー	思索・もの思い
26	オリーブ	平和・安らぎ
27	フランスぎく	忍耐・寛容
28	かきどおし	快楽・楽しみ
29	あかつめくさ	快活・陽気な心
30	ライラック(紫)	初恋の味
31	シラー	貞節・淋しさ

8月　AUGST

日	日々の花	花言葉
1	けし(赤)	慰安
2	やぐるまぎく	デリカシー・優雅
3	じゃこうあおい	優しさ・柔和
4	こむぎ	富・財宝
5	エリカ(紫)	孤独・閑静
6	のうぜんかずら	栄光・名声
7	ざくろの花	成熟した美しさ
8	アザレア	自制心・禁酒
9	シスタス	私は明日死ぬ
10	こけ類	物憂さ・退屈
11	ゼラニウム(濃赤)	メランコリー
12	きょうちくとう	注意・油断大敵
13	あきのきりんそう	警戒心・注意
14	かっこそう	驚き
15	こひまわり	あこがれ・崇拝
16	タマリンド	贅沢・おごり
17	ゆりのき	豪華美
18	たちあおい(黄)	素直・開放的
19	すいせんのう	ウィット
20	フリージア	愛情・慈愛
21	きんみずひき	感謝の気持ち
22	なつゆきそう	無駄
23	しなのき	熱烈な愛
24	ぎんせんか	繊細な美しさ
25	アンスリウム	情熱
26	くじゃくそう	老いてもごきげん
27	ぜんまい	夢想
28	エリンギウム	無言の愛
29	はなたばこ	私は孤独が好き
30	ベロニカ	人の好さ・便利
31	れんげそう	心が柔らぐ

7月　JULY

日	日々の花	花言葉
1	もうせんごけ	セレナーデ・愛の唄
2	きんぎょそう	図々しさ・傲慢
3	けし(白)	眠り
4	もくれん	自然愛
5	ラベンダー	不信・疑惑
6	ひまわり	あこがれ・熱愛
7	せいようすぐり	目新しさ・新奇
8	はす(花)	平静・勇気
9	つたばゼラニウム	婚約の証し
10	いとしゃじん	従順・誠実
11	つるぼらん	生涯の信心
12	ベラドンナ	真実・沈黙
13	雑草の花	効用・実利
14	フロックス	合意・協和
15	オーストリアローズ	貴方は総べて美しい
16	あらせいとう	愛の絆
17	ばら(白)	私は貴方にふさわしい
18	モスローズ(つぼみ)	愛の告白
19	とりかぶと	騎士道・厭世家・復讐
20	ひよどりじょうご	真実
21	ばら(黄)	嫉妬
22	なでしこ	純愛・清純
23	ばら(赤白混り)	戦争・いさかい
24	えんれいそう	奥ゆかしい美しさ
25	にわとこ	熱意・情熱
26	あさぎりそう	光・脚光をあびる
27	ゼラニウム	変わらぬ信心
28	なでしこ(八重)	もえる愛
29	さぼてん	温情・心の緩かさ
30	ぼだいじゅ	夫婦の愛情
31	ひょうたん	気宇雄大

10月　OCTOBER

日	日々の花	花言葉
1	きく(黄)	私を信じて
2	あんず(果実)	気おくれ
3	かえで	自制心・遠慮
4	ホップ	不公平
5	やし	勝利
6	はしばみ	和解
7	とうだいぐさ	ひかえ目
8	パセリ	お祭気分
9	ういきょう	ほめられて当然
10	メロン	豊かさ
11	みそはぎ	陽気
12	こけもも	裏切り・不実
13	しもつけ	自由・気まま
14	きく	女性の愛情
15	めぼうき	好意・好感
16	モスローズ	貴方を尊敬する
17	のぶどう	慈悲
18	つるこけもも	心の痛みを和らぐ
19	ほうせんか	私にふれないで
20	あさ	運命
21	はまあざみ	満足・これで充分
22	はないぐさ	堅く信ずる・従順
23	ちょうせんあさがお	偽りの魅力
24	せいようすもも	終生の信仰
25	おおかえで	好奇心
26	くまつづら	魔法・魔術
27	ブライヤーばら	傷はいやされた
28	むくげ	説得・信念
29	ふたばらん	貴方を尊敬する
30	さわぎきょう	高貴さ・卓抜
31	カラー	素敵な姿・情熱

9月　SEPTEMBER

日	日々の花	花言葉
1	おにゆり	華美・にぎやか
2	ツルコベア	うわさ・世間話
3	マーガレット	誠実・正確
4	だいこんそう	前途有望
5	まんさく	魔力・呪文
6	のうぜんはれん	愛国心・憂国
7	オレンジ	寛容・寛大
8	からしな	無関心・冷淡
9	ゆうぜんぎく	別れ・さようなら
10	アスター（白）	追憶・追想
11	アロエ	迷信・邪教
12	せんにんそう	安全
13	ねこやなぎ	自由
14	マルメロ	誘惑・魅力
15	ダリア	移り気
16	りんどう	誠実・貞節
17	エリカ(白)	幸せな愛を
18	あざみ	独立・触れないで
19	すげ	あきらめ
20	まんねんろう	回想・記念
21	いぬサフラン	がんこ・努力
22	こばんそう	激動・興奮
23	いちい	悲哀
24	オレンジ(花)	純な心は愛の心
25	からすむぎ	音楽の魅力
26	はす(実)	雄弁
27	かしわ	自由
28	ひもげいとう	失望だが心配無用
29	りんご	誘惑
30	レバノンすぎ	貴方のために生きる

12月　DECEMBER

日	日々の花	花言葉
1	よもぎぎく	挑戦・絶交
2	ぜにごけ	母性愛
3	ラベンダー（乾燥）	私は貴方を待つ
4	すいば	親愛の情
5	アンブロシア	戻ってきた愛
6	ゆきのした	軽薄・不真面目
7	わらび	ゆるがぬ愛
8	よし	音楽
9	きく（紅白）	霊感
10	つばき（白）	冷たい美しさ
11	べんけいそう	平穏無事
12	わた	偉大さ
13	きく（赤）	私は愛します
14	まつ	同情・哀れみ
15	じんちょうげ	自然美と人工美
16	はんのき	剛毅・不屈
17	さくららん	満足
18	サルビア	一家団欒
19	スノーフレイク	純粋無垢
20	パイナップル	貴方は完璧
21	はっか	温かい心使い
22	ひゃくにちそう	遠い友を思う
23	プラタナス	天才・天性
24	やどりぎ	困難に打ち克つ
25	せいようひいらぎ	先見の明
26	クリスマスローズ	不安を柔らげて
27	りんぼく	困難・難局
28	ざくろの花	成熟した美しさ
29	ほおずき	頼りなさ
30	ろうばい	同情・慈愛・枯淡
31	いとすぎ	悲しみ・忍耐・死

11月　NOVEMBER

日	日々の花	花言葉
1	かりん	豊麗・優雅
2	ルピナス（白）	母性愛
3	ブリオニア	拒絶・断念する
4	こたにわたり	貴方は私の喜び
5	まつばぎく	安逸・なまけ者
6	ひよどりばな	躊躇
7	フレンチ・マリーゴールド	嫉妬
8	せんのう	機知に富む
9	チャービル	誠実・正直
10	ハイビスカス	繊細な美しさ
11	つばき（白）	申し分ない魅力
12	レモン（花）	誠実の恋
13	こうすいぼく	心が広い
14	もみ	時・時間
15	おうごんはぎ	望み通り・成功
16	ヘレボルス	スキャンダル
17	ふき	公平な裁き
18	やまゆり	貴方は私をだませない
19	おとぎりそう	迷信
20	ブグロス	貴方が信じられぬ
21	ほたるぶくろ	安定・貞節
22	めぎ	はげしい気性
23	めしだ	魅惑
24	やぶでまり	見捨てないで
25	きはぜ	賢明
26	シルフィウム	指導
27	こしょうぼく	熱中・あつい信仰
28	えぞぎく	追憶・後の祭り
29	さわぎく	出会い
30	枯葉	メランコリー

主な参考文献（文学作品は除く）

古典（成立年代順）

延喜式　藤原時平他　九二七
新刊多識編　林道春　一六三一
花壇地錦抄　伊藤伊兵衛　一六九五
花譜　貝原益軒　一六九八
大和本草　貝原益軒　一七〇九
和漢三才図会　寺島良安　一七一三
物類称呼　越谷吾山　一七七五
本草綱目啓蒙　小野蘭山　一八〇三
草木奇品家雅見　金太　一八二七
草木錦葉集　水野忠暁　一八二九

一般図書（書名五十音順）

朝日園芸百科　野沢敬編　一九八四―八六　朝日新聞社
朝日百科世界の植物　北村・本田・佐藤監修　一九七五―七八　朝日新聞社
江戸と北京　ロバート・フォーチュン著／三宅馨訳　一九七〇　広川書店
美しき花言葉　中村成夫　一九七二　三笠書房
園芸植物名の由来　中村浩　一九八一　東京書籍
園芸大辞典　石井勇義編　一九四四―五六　誠文堂新光社
改訂増補博物学年表　白井光太郎　一九三四　大岡山書店
画文草木帖　鶴田知夫　一九七八　東京書籍
花木園芸　宮沢文吾　一九四〇　養賢堂
草木の野帖　足田輝一　一九七六　朝日新聞社
果物百話　不室直治・指田吉郎　一九七六　柴田書店
原色園芸植物図鑑Ⅰ―Ⅴ　塚本洋太郎　一九六三―六七　保育社
原色版日本薬用植物事典　伊沢凡人　一九八〇　誠文堂新光社
講談社園芸大百科事典1―12　講談社編　一九八六
古典の中の植物　金井典美　一九八三　北隆館
四季の花事典　麓次郎　一九八五　八坂書房
資源植物事典　柴田桂太編　一九六一　北隆館
自然暦　川口孫治郎　一九七二　八坂書房
植物歳時記　今井徹郎　一九六四　河出書房
植物歳時記　日野巌　一九七八　法政大学出版局
植物と日本文化　斎藤正二　一九七九　八坂書房
植物渡来考　白井光太郎　一九二九　有明書房
植物の生活誌　堀田満　一九八〇　平凡社
植物の名前の話　前川文夫　一九八一　八坂書房
植物百話　矢頭献一　一九七五　朝日新聞社
植物文化史　臼井英治　一九八八　裳華房
植物名の由来　中村浩　一九八〇　東京書籍
植物和名の語源　深津正　一九八九　八坂書房
生活のなかの植物　吉田幸弘　一九八九　裳華房

生物学者と四季の花　湯浅明　一九七八　めいせい出版
増訂万葉植物新考　松田修　一九七〇　社会思想社
草木有情　松崎直枝　一九七九　八坂書房
草木有情　釜江正巳　一九九七　近代文芸社
草木歳時記　外山三郎　一九七六　八坂書房
草木辞苑　木村陽二郎監修　一九八八　柏書房
草木図誌　鶴田知夫　一九七九　東京書籍
中国高等植物　全五巻　一九七三　中国科学出版社
日本雑草図説　笠原安夫　一九八一　養賢堂
日本植物方言集（草木類篇）　日本植物友の会編　一九七二　八坂書房
日本博物学史　上野益三　一九七三　平凡社
野の花一〇一話　岡本高一　一九七九　神戸新聞出版センター
花と芸術　金井紫雲　一九四六　芸術堂出版部
花と日本文化　和歌森太郎他　一九七一　小原流文化事業部
花と日本文化　西山松之助　一九八五　吉川弘文館
花と民俗　川口謙二郎　一九八二　東京美術
花の歳時記　今井徹郎　一九六一　読売新聞社
花の歳時記　居初庫太　一九六八　淡交社
花の歳時記—草木有情—　釜江正巳　二〇〇一　花伝社
花のすがた　岡部伊都子　一九七六　創元社
花の図譜　春・夏・秋・冬　高橋洋二編　一九九〇　平凡社
花の手帖　永井かな　一九八〇　東京美術
花の美術と歴史　塚本洋太郎　一九七五　河出書房新社
花の文化史　春山行夫　一九六四　雪華社
花の文化史　春山行夫　一九八〇　講談社
花の文化史　松田修　一九七七　東京書籍
花の文化史　山田宗睦　一九七七　読売新聞社
花の民俗　水沢謙一　一九七四　野鳥出版
花の民俗学　桜井満　一九七四　雄山閣
花の履歴書　安田勲　一九八二　東海大学出版会
花の履歴書　湯浅浩史　一九八二　朝日新聞社
花は紅・柳は緑　水上静夫　一九八三　八坂書房
花ものがたり（続花の歳時記）　今井徹郎　一九七二　読売新聞社
春・秋　七草の歳時記　釜江正巳　二〇〇六　花伝社
百花巡礼　森村浅香　一九八〇　時事通信社
牧野新日本植物図鑑　牧野富太郎　一九七四　北隆館
牧野富太郎植物記一—八　牧野富太郎　一九七四　あかね書房
野草雑記　柳田国男　一九八五　八坂書房
やぶれがさ草木抄　桜井元　一九七〇　誠文堂新光社

雑誌

園芸新知識花の号（月刊）　一九六八—　タキイ種苗
新花卉（季刊）　日本花弁園芸協会編　一九五三—　タキイ種苗

あとがき

人間にとって花と緑は、暮らしの仲間であり、心の友でもあります。しかし一方、私たちの身の回りからは、日一日と自然が失われ、路傍やあぜ道に生えていた植物の姿は、目に出来なくなってしまいました。砂漠化した現在生活の中から、ようやく人間性の回復や心の豊かさを求めようとする欲求も高まってきています。確かに花や緑は、人間のように言葉は喋れないが、しかし植物は、姿や形、色、香りなどのサインを通して私たちの心にさまざまなメッセージを訴えかけているのです。

人は花木にいろいろな想いを寄せてきました。日頃何気なく目にする花木にも自然と共に生きてきた日本人の文化的営為が垣間見られるように思われます。日本人にとって、四季の巡りは欠かせない存在であって、それは文化のさまざまな性格の基盤となっております。もしそれぞれの季節に花木や緑が無かったらどんなに味気ない生活になったでしょうか。植物は進化する「自然の芸術品」です。さりげなく咲いている花木にも大自然の秩序と悠久の歴史が秘められているといえるでしょう。

ここに取り上げた花木は、ほんの一握りの数に過ぎませんが、これらを通してもいっそうその感をふかくするものです。これらの種類は、とりたてて珍しいものではありませんが、古代から今日まで日本の山野に咲き続けていた植物です、そして紛れもなく、花はそれぞれの季節に、ほころび、散っていくのです。それが日本の歴史や風土をバックに独特の文化を育ててきたのでした。だからこそ花は文化のバロメーターと云われるのです。

本書をまとめるにあたって、各分野の多くの先学の書をあれこれと引用させていただいたことに対し深く感謝する次第です。また「春・夏・秋・冬」は花の咲く時期、あるいは実のなる時期で分類いたしました。それぞれの季節でお楽しみ下さい。

終わりに臨み、本書の出版をご快諾下さった花伝社平田勝社長のご厚志に対し厚く感謝申し上げます。

平成一九年三月

釜江正巳

釜江正巳（かまえ　まさみ）
1922 年兵庫県に生まれる。
1942 年東京高等農林学校（現東京農工大学農学部）卒業。
兵庫青年師範学校教授を経て、神戸大学教育学部に勤務、1985 年名誉教授。兵庫女子短期大学教授を経て、1992 年より、姫路福祉保育専門学校副校長。現在、姫路福祉保育専門学校および御影保育専門学院非常勤講師。農学博士。

現住所　兵庫県加古川市野口町北野 1219－12

花の四季

2007年 4 月10日　　初版第 1 刷発行

著者 ―― 釜江正巳
発行者 ― 平田　勝
発行 ―― 花伝社
発売 ―― 共栄書房
〒101-0065　東京都千代田区西神田2-7-6 川合ビル
電話　　03-3263-3813
FAX　　03-3239-8272
E-mail　kadensha@muf.biglobe.ne.jp
URL　　http : //kadensha.net
振替 ――00140-6-59661
装幀 ―― 佐々木正見
印刷・製本 ― 中央精版印刷株式会社

ISBN978-4-7634-0491-6　C0040